化妆品生物技术

郭苗苗　董银卯　编著

化学工业出版社

·北京·

内 容 简 介

　　本书系统介绍了生物技术在化妆品原料、化妆品材料、化妆品配方设计、化妆品功效性评价、化妆品安全性评价五方面的应用。在化妆品原料方面，介绍了为化妆品生产提供新型活性添加剂的生物提取分离技术、生物发酵技术、细胞工程和酶工程等生物技术；在化妆品材料方面，介绍了生物技术对面膜材料、防晒材料、包装材料的影响；在化妆品配方设计方面，讲述了生物技术在防腐体系的设计、透皮传输技术、皮肤本态分析、皮肤微生态分析中的应用及趋势；在化妆品功效性评价方面，介绍了抗黑色素生成、抗光老化、保湿、祛痘、抗过敏、抗刺激和防晒等功效客观评价中的传统方法和依赖于生物技术的最新评价方法，并对其进行展望；在化妆品安全性方面，介绍了化妆品中禁限用物质的检测新技术，以及依赖生物技术而发展起来的化妆品安全性评价新方法，并且着重于替代性试验。

　　本书既能使化妆品研发人员对化妆品生物技术的最新应用有所了解，又能够指导其快速应用，指导产品开发。本书可供从事化妆品生产与研发的技术人员、配方师，高等和职业院校应用化学、精细化工及化妆品专业的师生阅读参考。

图书在版编目（CIP）数据

　　化妆品生物技术/郭苗苗，董银卯编著. —北京：
化学工业出版社，2021.10
　　ISBN 978-7-122-39811-6

　　Ⅰ.①化…　Ⅱ.①郭…　②董…　Ⅲ.①生物技术-
应用-化妆品-生产工艺　Ⅳ.①TQ658

　　中国版本图书馆 CIP 数据核字（2021）第 170719 号

责任编辑：傅聪智　　　　　　　　　　　　文字编辑：高璟卉
责任校对：张雨彤　　　　　　　　　　　　装帧设计：王晓宇

出版发行：化学工业出版社（北京市东城区青年湖南街 13 号　邮政编码 100011）
印　　刷：北京京华铭诚工贸有限公司
装　　订：三河市振勇印装有限公司
710mm×1000mm　1/16　印张 10½　字数 207 千字　2022 年 4 月北京第 1 版第 1 次印刷

购书咨询：010-64518888　　　　　　　　　售后服务：010-64518899
网　　址：http://www.cip.com.cn
凡购买本书，如有缺损质量问题，本社销售中心负责调换。

定　　价：58.00 元　　　　　　　　　　　　　版权所有　违者必究

随着人民物质、文化生活水平的不断提高所带来的消费升级，化妆品所代表的一类对美追求的产品已成为人们日常消费的必需品，也是大健康产业的组成部分之一。近几十年，我国的化妆品工业无论是在新原料、新产品的开发上，还是在功效性、安全性测试上，抑或是制造工艺、设备上，都有较大发展。这其中的一项重要学科支撑，便是生物技术。生物技术是以现代生命科学为基础，应用生物学、化学和工程学的基本原理，采用先进的科学技术手段，利用生物体（包括微生物、动物细胞和植物细胞）或其组成部分（细胞器和酶）来生产有用物质，或为人类提供某种服务的技术。近年来，随着生物技术在分子生物学、医药等领域的快速发展，生物技术和生物制剂在化妆品原料的研发、化妆品的功效性和安全性评价、化妆品配方设计等化妆品工业领域中的多个环节得到了广泛推广和应用，生物技术逐渐成为化妆品行业未来发展的主要方向之一。

随着中国进口产品关税政策的调整，世界级名牌化妆品不断加大力度进军中国市场，中国化妆品行业竞争日趋激烈，其核心实质是高科技含量产品的较量。国外一些依据皮肤生理学原理开发的新型化妆品在市场上占有很大的优势。面对国外同行在生物技术化妆品方面的优势，国内化妆品行业应该采取积极的对策，全面学习现代生物技术，掌握生物技术的发展动态和最新成果，通过技术革新，将最先进的生物技术引入到化妆品行业中去。本书从化妆品原料、配方、包装、评价等多个维度出发，总结了化妆品研发中应用的传统技术与近年来最新的生物技术。希望通过本书，指导致力于从事皮肤健康美丽事业的工作人员利用生物技术研发化妆品。

本书共分六章，第一章主要讲述生物技术与化妆品的相互关系，介绍生物技术在化妆品中的应用现状，并对其发展前景进行展望；第二章以化妆品的原料生产为切入点，介绍了为化妆品生产提供新型活性添加剂的生物提取分离技术、生物发酵技术、细胞工程和酶工程等生物技术；第三章以化妆品材料为切入点，介绍了生物技术对面膜材料、防晒材料、包装材料的影响；第四章以化妆品的配方设计为切入点，讲述了生物技术在防腐体系的设计、透皮传输技术、皮肤本态分析、皮肤微生态分析等中的应用及趋势；第五章以化妆品的功效性为切入点，介绍了抗黑色素生成、抗光老化、保湿、祛痘、抗过敏、抗刺激和防晒等功效客观评价中的传统方法和依赖于生物技术的最新评价方法，并对其进行展望；第六章以化妆品的安全性为切入点，介绍了化妆品中禁、限用物质的检测新技术，以及依赖生物技术而发展起来的化妆品安全性评价新方法，着重于替代性试验的介绍。

本书的撰写，需要感谢北京工商大学的支持与资助；感谢项目"科技创新服务能力——国家级科研平台建设——化妆品监管科学研究院"资助；感谢研究团队的何聪芬教授、孟宏教授、李丽教授、王巧娥副教授、易帆副教授和何一凡副研究员的支持与帮助，感谢研究生左锦辉、王诗漪、吴文海、贡晓燕、熊晨阳、冯法晴、何楠、张慧娜、尹雅婷、杨云丽、廖联英、李佳芮、谢奈、薛婉婷和刘伟兰的帮助。

限于资料与笔者能力有限，不足之处在所难免，恳请各位专家学者批评指正，以求实现新的提升。

编著者

2021 年 6 月

目录

第一章

概论

1

第二章

化妆品原料
制备与生物
技术

17

第三章

化妆品材料
与生物技术

46

第四章

化妆品配方
与生物技术

66

Chapter
第六章 06
化妆品安全
性评价与
生物技术

126

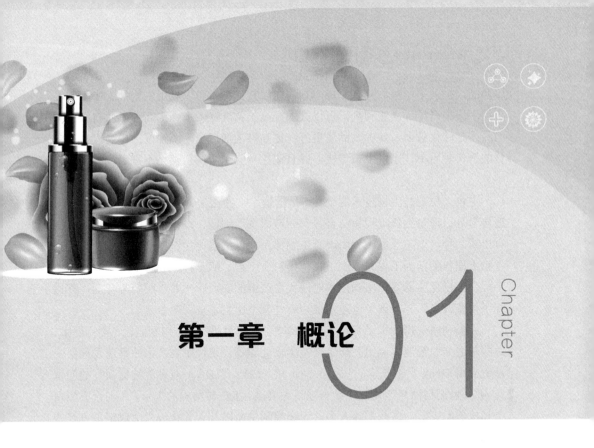

第一章　概论

第一节　生物技术现状

生物技术是 21 世纪经济竞争力的关键因素之一。科学共同体、工业界、国家政府和国际机构都以不同形式直接参与了生物技术的创新发展和应用。生物技术在不同的国家具有不同的定义。在英国，生物技术是工业生产中的生物应用、生物系统；在日本，生物技术是一种利用生物规律复制或生产生物产品的技术；在美国，生物技术是对有机体（即微生物或生物成分）出于有用目的的有组织使用；在欧洲，生物技术是一种利用生物化学、微生物和基因工程科学以实现（或部分实现）微生物和组织培养的工业应用的跨学科应用。

美国化学学会定义生物技术为："应用生物或是各领域的系统及程序来了解生命科学，并提升像药物、农作物或牲畜等产品或农产品的价值。"

生物技术广泛应用于各个领域，大到农业方面用基因工程的方法培育高抗病性、抗倒伏、抗盐、抗寒农作物；军事上筛选能富集放射性元素的微生物，吸收核辐射地区的放射性元素，加快战争灾害地区的净化；在医药领域可以利用生物工程，用大肠杆菌表达系统、酵母表达系统和真核细胞表达系统生产疫苗和蛋白

质药品，扩大了产量，降低了成本。而在日常生活中可以利用生物技术中基因工程的手段生产纤维素酶制剂，可以大大提高衣物洗涤效率；提高啤酒原料大麦芽的纤维素转化效率，使啤酒品质更好；提高橄榄油榨出率和纯度；提高家畜对饲料的消化利用率，家畜生长更快，并且避免一些由于饲料消化不良引起的疾病，等等。

生物工程则是生物技术的统称，是指运用生物化学、分子生物学、微生物学、遗传学等原理与生化工程相结合，来改造或重新创造、设计细胞的遗传物质，培育出新品种，以工业规模利用现有生物体系，以生物化学过程来制造工业产品。生物工程包括基因工程、细胞工程、蛋白质工程、酶工程、发酵工程、生物电子工程、生物反应器等。生物技术对现代生产中的农业、工业、医药等行业，都进行了传统改良，并得到了迅速发展，有些甚至引起了重大变革。

人类利用生物技术已有几千年的历史，如葡萄酒制作、烤制面包、食物储藏、发酵制造醋和酱油、原始医药生产及废物处理等。现代生物技术的迅速发展要归功于应用 DNA 重组技术的基因工程研究。1953 年 DNA 双螺旋结构模型的问世成为 20 世纪自然科学发展中的一项重大突破。蛋白质结构的揭示、人工合成蛋白质和核酸的突破，这些都为人类认识和控制生命以及人工合成生命奠定了良好的基础，对生物技术的崛起产生了巨大的影响。自 1973 年第一个基因克隆和重组成功后，1982 年第一个 DNA 重组药品人胰岛素在美国和英国批准使用。1978 年，定点诱变技术建立。1983 年，提出蛋白质工程的概念，至 1988 年已成功开发出第一个蛋白质工程产品——枯草杆菌蛋白酶。1959 年，美国科学家 Stanley Cohen 博士首先发现了表皮生长因子。为此，Stanley Cohen 博士被授予了 1986 年度诺贝尔生理学或医学奖。现在，基因工程正普遍地应用于开发许多第二代的生物技术产品。医药生物技术产品是其中发展较快的产品，运用基因工程成功克隆和表达的激素和蛋白质药物有：胰岛素（insulin）、促红细胞生成素（EPO）、人生长激素（HGH）、干扰素、人血清蛋白、表皮细胞生长因子（EGF）和人工超氧化物歧化酶等。

生物技术被广泛应用于农业、畜牧业、食品及医药等行业。生物技术的发展对改造传统产业具有重要作用，它在新产品、新药物的开发研究和生产过程中被广泛运用，现代生物技术成为当今最为重要的技术之一。生物技术的发展将帮助人类解决很多当前无法治愈的人类疾病，同时还可以改革优化食品的生产过程，全面提高人类的生活水平。

21 世纪以来，我国在生物技术产业方面取得了一定成就，特别是 2012 年国务院颁布的《生物产业发展规划》，更显示出了我国对生物技术产业的重视。"十一五"伊始，生物技术产业在我国每年以大约 30% 的速度递增，其中 2011 年生物技术产业总产值达到 2 万亿元，尤其 2013 年至 2015 年间，我国生物技术产业总产值的年均增速全部超过了 20%。2015 年，我国生物技术产业的总产值占国内生产总值的实际比重已经比 2010 年翻了一番，2016 年产业规模达到约 4 万亿元，其中，发酵产品产量稳居世界第一，生物能源年替代量处于世界前列，主要生物基材料品种产量和技术水平处于世界领先地位，多种传统石油化工产品和精细化学品已经可以实现生物质路线生产替代，在京津冀、长三角、珠三角等地形成了一批高水平、有特色的生物产业集群，生物能源产业正在积极向新原料和新技术利用转型。另外，根据国际农业生物技术应用服务组织（International Service for the Acquisition of Agri-biotech Applications，ISAAA）的数据统计显示，我国的转基因作物种植规模在全世界排名为第 6 位，面积约 400 万公顷。作为世界最大的发展中国家，我国的生物技术产业发展水平代表着发展中国家的生物技术产业最高水平，对于生物技术产业的发展与推动，我国始终做着不懈的努力。1965 年我国首次实现了人工合成结晶牛胰岛素；20 世纪末我国又以唯一一个发展中国家参与者的身份参加了人类基因组计划。现代生物技术是高新技术领域最重要的三大技术之一，有着非常广阔的应用前景。它将为解决世界及人类所面临的能源、资源、粮食、环境、健康等问题开辟新的途径，促进医药、食品、化工、农牧渔业等行业的发展。

近年来，人们逐渐认识到现代生物技术的发展离不开化学工程，如生物反应器以及目的产物的分离、提纯技术和设备都要靠化学工程来解决。化学工程技术作为生物技术下游过程的支撑学科，对生物技术的发展和产业的建立有着十分重要的作用，它是基因工程、细胞工程、发酵工程和酶工程走向产业化的必由之路。化工领域是生物技术应用的重要领域，有如下主要特点：①以生物为对象，着眼于可再生资源的利用；②使化工产品在常温常压下生产，工艺简单，可节约能源，减少污染；③开辟生产纯度高、优质安全的生物制品新途径；④可解决常规技术和传统方法不能解决的问题；⑤可定向创造新物种、新产品，生产目前不能生产或还不为人知的性能优异的化合物；⑥投资小。

国际上，世界各国竞相开展生物化工技术的研究开发。西方各国许多较大的化工企业，如美国杜邦、孟山都公司，英国 ICI，德国拜耳、赫斯特公司等都在投入巨资和庞大的科技力量进行生物化工技术的研究，并已取得了许多重大的科技成果，如：微生物法生产丙烯酰胺、脂肪酸、聚 β-羟基丁酸酯等产品的生产已达一定的工业规模；纤维素发酵连续制乙醇已开发成功；许多新型的生物农药不断问世；固定化酶处理有机氯化物已达实用化水平；高分子高性能膜、生物可降解塑料等技术不断成熟；高纯度生物化学品制造技术不断完善；等等。我国现代生物化工技术的研究开发起步较晚，但工业化成果显著。目前，生物化学法生产的品种有乙醇、丙酮、丁醇、柠檬酸、乳酸、苹果酸、氨基酸、生物农药、甘油、黄原胶、纤维素酶、胡萝卜素等。生物技术在精细化工中的应用及快速发展已成

为世界化工发展的战略方向之一，在开发新资源、新材料与新能源方面有着广泛的前景。越来越多的大型化工公司为了提高经济效益，增加竞争力，纷纷向生物化工产业转移。

第二节　生物技术主要研究方向

1．基因工程

基因工程按照人们的科研或生产需要，在分子水平上，用人工方法提取或合成不同生物的遗传物质（DNA 片段），在体外切割、拼接形成重组 DNA，然后将重组 DNA 与载体的遗传物质重新组合，再将其引入到没有该 DNA 的受体细胞中，进行复制和表达，生产出符合人类需要的产品或创造出生物的新性状，并使之稳定地遗传给下一代。按目的基因的克隆和表达系统，分为原核生物基因工程、酵母基因工程、植物基因工程和动物基因工程。基因工程具有广泛的应用价值，为工农业生产和医药卫生事业开辟了新的应用途径，也为遗传病的诊断和治疗提供了有效方法。基因工程还可应用于基因的结构、功能与作用机制的研究，有助于生命起源和生物进化等重大问题的探索。

基因工程的支撑技术有：核酸凝胶电泳技术、核酸分子杂交技术、细菌转化转染技术、DNA 序列分析技术、寡核苷酸合成技术、基因定点突变技术、聚合酶链反应技术。基因工程的操作步骤主要为：①从复杂的生物有机体基因组中，经过酶切消化或 PCR 扩增等步骤，分离出带有目的基因的 DNA 片段；②在体外，将带有目的基因的外源 DNA 片段连接到能够自我复制并具有选择记号的载体分子上，形成重组 DNA 分子；③重组 DNA 分子转移到适当的受体细胞（亦称寄主细胞），并与之一起增殖；④从大量的细胞繁殖群体中，筛选出获得了重组 DNA 分子的受体细胞克隆；⑤从这些筛选出来的受体细胞中，提取出已经得到扩增的目的基因，供进一步分析研究使用；⑥将目的基因克隆到表达载体上，导入寄主细胞，使之在新的遗传背景下实现功能表达，产生出人类所需要的物质。基因工程在农业、医学、食品、化工等诸多行业均有广泛研究和应用。

2．细胞工程

细胞工程是指应用现代细胞生物学、发育生物学、遗传学和分子生物学的理论与方法，按照人们的需要和设计，在细胞水平上的遗传操作，包括重组细胞结构和内含物，以改变生物的结构和功能，即通过细胞融合、核移植、染色体或基因移植以及组织和细胞培养等方法，快速繁殖和培养出人们所需要的新物种的生物工程技术。

细胞工程与基因工程一起代表着生物技术最新的发展前沿，伴随着试管植物、试管动物、转基因生物反应器等的相继问世，细胞工程在生命科学、农业、医药、食品、环境保护等领域发挥着越来越重要的作用。

3．酶工程

酶工程就是将酶或者微生物细胞、动植物细胞、细胞器等在一定的生物反应装置中，利用酶所具有的生物催化功能，借助工程手段将相应的原料转化成有用物质并应用于社会生活的一门科学技术。它包括酶制剂的制备、酶的固定化、酶的修饰与改造及酶反应器等方面的内容。酶工程的应用，主要集中于食品工业、轻工业以及医药工业。

4．发酵工程

发酵工程是指采用现代工程技术手段，利用微生物的某些特定功能，为人类生产有用的产品，或直接把微生物应用于工业生产过程的一种新技术。发酵工程的内容包括菌种的选育、培养基的配制、灭菌、扩大培养和接种、发酵过程和产品的分离提纯等方面。

发酵工程具有主要以可再生资源为原料、反应条件温和、环境污染较少、能生产目前不能生产或通过化学方法生产困难的性能优异的产品、投资较少等优点，发展迅速并被广泛应用。

5．蛋白质工程

蛋白质工程是指按人们意志改变蛋白质的结构和功能或创造新的蛋白质的过程。其包括在体外改造已有的蛋白质，化学合成新的蛋白质，通过基因工程手段改造已有的或创建新的编码蛋白质的基因去合成蛋白质等。为获得的新蛋白具备有意义的新性质或新功能，常对已知的其他蛋白质进行模式分析或采取分子进化等手段。

蛋白质工程是在基因重组技术、生物化学、分子生物学、分子遗传学等学科的基础之上，融合了蛋白质晶体学、蛋白质动力学、蛋白质化学和计算机辅助设计等多学科而发展起来的新兴研究领域。其内容主要有两个方面：根据需要合成具有特定氨基酸序列和空间结构的蛋白质；确定蛋白质化学组成、空间结构与生物功能之间的关系。在此基础之上，实现从氨基酸序列预测蛋白质的空间结构和生物功能，设计合成具有特定生物功能的全新蛋白质，这也是蛋白质工程最根本的目标之一。蛋白质工程的基本途径为：从预期的蛋白质功能出发→设计预期的蛋白质结构→推测应有的氨基酸序列→找到相对应的核糖核苷酸（RNA）序列→找到相对应的脱氧核糖核苷酸（DNA）序列。

6．生物反应器

生物反应器是指培养细胞生产所需产品的装置。自然生物、实验室设备和工

业装置，可以提供细胞生长生活所需良好环境。比如温度、pH、氧浓度等物理环境；营养物、生长调节物等化学环境。目前最常见的是利用发酵罐培养工程菌。

生物工程上的生物反应器是在体外模拟生物体的功能，设计出来用于生产或检测各种化学品的反应装置。或者说，生物反应器是利用酶或生物体（如微生物）所具有的生物功能，在体外进行生化反应的装置系统，是一种生物功能模拟机，如发酵罐、固定化酶或固定化细胞反应器等。

第三节　生物技术的应用

1. 生物技术在农业中的应用

在生物科学水平不断提升的前提下，转基因生物育种技术开始出现在农业生产中。应用转基因生物育种技术，能够更加精准地找到更有利于农业生产的优良基因，并且通过对基因的分析和重组，将这些好的基因进行融合，从而产生新的农作物品种。应用这种新的育种技术，有效地提高了农作物的抗病虫害能力，而且使得农作物更加优质和高产，有效地提高了农业生产的产量和经济效益。

分子设计生物技术通过不断收集相关农作物的基因信息，利用分子标记的方法，充分了解农作物的基因状态。科研人员可以依据农作物的基本特征，不断进行分子设计，从而培育出更加优良的农作物品种。这种育种技术能够有效地改变农作物的基因，使农作物的基因变得更加优良，缩短农作物的育种周期，提高农作物的质量，并且对其产量的提高也有一定的帮助。

2. 生物技术在医药领域的应用

生物技术的研究、开发和应用在医药方面最为活跃，这主要是历史上与医药有关的基础学科比较发达的缘故。

（1）在预防医学中的应用

生物技术应用在预防医学中，不仅能够用来检测环境，同时还能够实现对环境的净化。通过研发生物肥料，能够在很大程度上降低对环境的污染。不仅如此，生物技术在预防医学中的应用还表现在对传统疫苗的改造中。借助生物技术，研发出了核酸疫苗。这一疫苗主要是将和免疫原相关的基因复制在真核质粒的表面上，然后对试验动物注射重组的 DNA，促使动物产生抗体，形成强大的免疫效果，通过这样的方式来预防疾病。

（2）在诊断医学中的应用

通过研究生物技术在诊断医学中的应用，实现了对一些疑难病症的诊断以及治疗。借助现代分子诊断技术，能够更早地发现疾病，实现对疾病更早地治疗，避免延误最佳治疗时机。现阶段，现代医学领域对分子诊断技术方法的应用主要包括三个方面：一是核酸分子杂交；二是聚合酶链反应；三是生物芯片技术。通过深入的研究分析遗传疾病的基因序列，不仅能够实现对多种遗传疾病的检测，而且还能够有效预防并治疗遗传疾病。基因芯片在乙肝以及艾滋病的诊断方面实现了准确诊断。

（3）在制药中的应用

应用生物技术来制造药物，不仅疗效更高，而且还能够科学合理地改造蛋白质药物，降低药物的毒性，使得药物具备更强的稳定性。借助现代生物技术可实现对很多新药的研发，预防并治疗传统治疗手段无法治疗的疾病。现阶段，生物技术在药物制造中的应用主要表现在以下几个方面：一是生产基因工程药物；二是生产 DNA 重组药物；三是加工天然药物；四是生产核酸类药物。现阶段，我们借助生物技术所研发制造出的药物主要包括胰岛素、生长激素、乙肝疫苗以及尿激酶等。

（4）在治疗医学中的应用

生物技术在治疗医学当中的应用，主要表现在对干细胞、基因以及纳米技术的治疗等方面。对干细胞的治疗主要是通过移植造血干细胞治疗白血病以及遗传性血液病，通过去除发生病变的干细胞，将健康的干细胞转移到病人的体内，进而实现对病变细胞的修复，恢复细胞正常功能。基因治疗方面主要是用来治疗一些由于基因缺陷所导致的遗传性疾病。在实际治疗过程中，去除存在缺陷的基因并植入健康的基因，以此来更加有效地治疗遗传性疾病。应用纳米技术也能够实现对很多疾病的治疗。纳米技术在现代医学中的应用，主要是借助分子低聚的方式诊断并治疗疾病，并且能够在很大程度上降低患者在治疗过程中的疼痛感，帮助患者更快恢复健康。尤其是应用纳米技术所制成的纳米颗粒药物，能帮助人体更快地吸收，进而取得更好的治疗效果。

3．生物技术在环境保护中的应用

（1）废水净化及处理

生物技术在废水净化及处理中的应用，主要是凭借生物技术对废水中微生物的有效控制和利用，促使污染物出现转移或者转化成其他形式，进而达到废水净化的目的。目前，生物技术在废水净化及处理领域中已经得到了广泛应用，如生物膜法（高负荷生物滤池、固体接触法、生物曝气滤池法）、活性污泥法等。集成膜处理技术是目前技术超前、安全性高、处理效果明显优于传统工艺的技术，被广泛应用于放射性废液处理中。

（2）废气净化及处理

应用生物技术把废气中的恶臭物质或有机污染物降解，或者转化成低害甚至无害物质，进而实现空气净化，这是治理空气污染的一项新技术。发展至今，生

物技术在废气净化及处理中的应用手段主要包括生物吸附法、生物洗涤、生物过滤等，经常使用的生物反应器则有生物滤池、渗滤器以及生物净气塔等。生物过滤法是将成本比较高的多重过滤网，转化成生物过滤网（长满微生物的固体载体），最终将污染气体转换为二氧化碳等无毒气体，达到净化废气的目的，从而大大降低了成本。

（3）固体废物处理

针对固体废物的处理技术主要包括物理技术、化学技术以及生物技术等。其中固体废物生物处理技术主要利用微生物对各种有机固体废弃物的分解功能，促使固体废物无害化分解，甚至使其转化为可循环利用资源。生物技术是固体废物处理技术中最为高效的方式之一。目前，生物技术在固体废物处理中的应用主要包括生物浸出、沼气化、废纤维饲料化、堆肥化和废纤维素糖化等。

（4）环境检测及评价

随着生物技术在环境保护领域中的创新化应用，环境检测及评价也开始采用生物技术。例如，生物传感器与生物芯片等技术不仅可以为环境检测及评价提供精准的环境质量参数，而且能为环境检测与防范预警等提供详尽的数据依据。

（5）环境污染修复

环境污染修复中的生物技术应用是近年来新拓展的范围及新研发的技术类型，最具代表性的就是无机污染物真菌修复技术。但综合目前的整体情况，生物修复技术仍以土壤污染治理及修复为主，实际应用范围还比较单一。

4．生物技术在化妆品中的应用

随着技术进步和多学科在化妆品中的应用渗透，化妆品被赋予许多新概念，强调功能性、天然性和安全性，生物技术自然介入到了化妆品领域中。可以说，现代化妆品离不开现代生物技术，"高科技生物化妆品"成为当前化妆品发展的一大趋势。利用现代生物技术可以为化妆品开发提供高效、安全和价优的原材料或添加剂。近年来，随着生物技术在分子生物学、医药等领域的快速发展，生物技术和生物制剂在化妆品原料研发、化妆品安全性和功效性评价等领域中得到了广泛应用，生物技术逐渐成为化妆品行业未来发展的主要方向之一。

生物技术在化妆品中的应用主要有以下几个方面：①生产高科技生物化妆品原料；②新原料的筛选；③作为化妆品评价的手段；④提高化妆品的透皮吸收利用度等。生物技术在化妆品中的应用，将使化妆品逐步由化学原料时代过渡到生物原料时代。

（1）利用生物技术进行化妆品原料的开发

生物技术在化妆品原料领域的应用，主要在于生产化妆品原料。如利用微生物发酵技术、现代生物提取技术、基因重组技术、蛋白质工程技术、细胞培养技术、酶工程等进行化妆品原料的研究开发及生产应用。采用生物技术研究的原料称为生物技术原料，包括生物提取原料、生物肽原料、基因原料、微生物工程原料、细胞工程原料等。

① 微生物发酵工程原料　与石油中提炼、合成的原料相比，来源于微生物发酵产物的化妆品原料具有高安全性和微生物分解性，且用很少的能源就可以生产，是一种环保型的"可持续性原料"，而且这种原料还具有化学合成所无法完成的特殊结构，在功能上有其独到之处。运用发酵工程技术研究和生产的化妆品原料很多，透明质酸（HA）就是其中的典型代表。HA 是由 N-乙酰葡糖胺和糖醛酸为基础形成的一种杂多糖，它能和硫酸软骨素等共同组成黏多糖类物质，是结缔组织的主要成分之一。过去 HA 主要从鸡冠和脐带中提取，其含量较少、成本高。日本资生堂于 1985 年利用生物发酵技术，对链球菌进行突变处理，筛选出 HA 高产菌株，通过发酵法大规模生产 HA。运用该法，每 1L 培养液中可得 $5 \sim 6g$ 高纯度的 HA，使得 HA 作为一种保湿剂在化妆品行业得到了广泛应用。

近年来植物源发酵产品的研究数量一路增长，植物源发酵产品运用到化妆品中起到很好的美白、抗衰、抗氧化、抗炎等功效。有研究表明：玉竹多糖发酵液的抗氧化性较玉竹多糖热回流制备的原液更强；以发酵方式制备的松茸化妆品原料对 B16 细胞增殖和酪氨酸酶活性的抑制作用要明显优于水提和醇提方式；以发酵方式制备的松茸化妆品原料的美白效果较佳，其可能是因为发酵作用可以从松茸中提取出更多或更强的美白有效物质。

② 细胞工程原料　植物的次级代谢产物是化妆品原料的重要来源，但从天然植物资源特别是一些名贵稀有品种中提取有效成分存在资源消耗、环境影响和成本较高等诸多不利因素，因此植物组培技术是化妆品原料的"可持续发展"方法之一。白及的药用价值较高，在化妆品中应用广泛，皮肤水分测试结果表明含白及多糖液的面霜具有良好的保湿效果，白及胶作为增稠剂、悬浮剂、保湿剂和助乳化剂具有良好的效果。但白及种子自然萌发难度较大，且采用传统的分株繁殖速度较慢，外植体的选择、生长调节剂等因素均影响白及组织生长和存活率。因此，现在较多采用白及细胞培养，通过调节次级代谢进而提高白及胶的产量。利用植物细胞培养技术研究开发的化妆品原料也屡见不鲜。紫草宁、熊果苷、人参、甘草等的体外培养已获得成功，并成功用作化妆品原料。1993 年，日本三井石油化学公司在采用两步法培养紫草细胞成功的基础上正式宣布紫草宁实现工业化和商业化生产。1994 年，该公司和钟纺公司利用生物工程技术生产的紫草宁色素研制出了世界第一支生物化妆品——天然紫草唇膏。这成果具有重大的意义，使生物化妆品在日本甚至世界受到极大的重视，后来日本将紫草宁色素应用到其他化妆品中。熊果苷是酪氨酸酶抑制剂，可抑制黑色素的生成。中国药科大学也开发了人参愈伤组织培养技术并成功应用于化妆品。利用植物细胞培养技术获得的

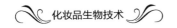

甘草提取物也已应用于化妆品中。2011年韩国FCB-Pharmicell公司以骨髓干细胞培养液为核心原料开发出了人体干细胞培养液化妆品。在试验中发现，注入该培养液的皮肤成纤维细胞中生成的胶原蛋白量是对照组的5倍以上。目前将野山参、紫杉、银杏以及有机番茄植物干细胞进行产业化，生产出了植物干细胞系列护肤品。

③ 生物提取原料　生物提取新技术既包括生物技术在对传统的煎煮、浸渍、回流等提取方法的改进和深入研究，又包括超临界萃取技术、超声波和微波辅助提取技术、半仿生提取法、酶提取法、固相微萃取法等现代提取技术的运用。生物分离纯化技术主要分为两种：以提高选择性为目标的分离技术，如亲和萃取技术、亲和膜分离技术等；以强化为目标的耦合分离技术，如制备型电动色谱技术、膨胀床色谱技术等。提取分离所得的植物多糖、黄酮、生物碱、皂苷、挥发油等成分可以作为化妆品活性添加剂。

④ 生物肽原料　生物肽原料包括生化合成肽和重组肽。生化合成肽是应用蛋白质酶的歧化作用等合成的肽，重组肽是基因工程的产物。重组肽将在下面的基因原料中叙述，这里主要介绍生化合成肽。早年间，在抗衰老护肤品中使用脱氧核糖核酸（DNA）、核糖核酸（RNA）和天然蛋白质曾经颇受欢迎。后来研究表明，这种高分子量的组分无法足量被皮肤吸收而起到真正的效果。之后，引入蛋白质碎片，即肽。谷胱甘肽和肌肽这两种天然肽已经在防晒霜的遮光剂、皮肤增亮和防皱产品里采用。Argireline是Liptech公司在2000年推出的一种生化合成肽——六肽，它在降低笑纹和眼睛四周的皱纹深度方面很有效，因为它能抑制儿茶酚的释放。Biopeptide和Matrixyl（均为Sedermal公司研制）都是生化合成肽。Biopeptide-EL可促进皮肤弹性蛋白合成，特别是有助于提高皮肤的柔软性。Matrixyl刺激胶原蛋白的合成，能够在皱纹护理中代替胶原蛋白注射和仪器治疗等。Bio-BUSTYL（Sedermal公司专利）是把微生物工程和肽合成技术结合在一起的产品，包含刺激生长因子、三肽、六肽，用于化妆品中可以适当改善消费者的皱纹问题，延缓衰老，增加弹性。

⑤ 基因原料　基因原料是采用基因工程研究的原料，可以是重组肽或重组蛋白质。基因原料是当前基因工程研究中最具潜力，同时也是最成熟的应用领域。这类细胞因子主要都是短肽类物质，利用重组DNA技术，将编码生长因子的基因片段导入到分泌型宿主中表达，结合发酵技术使生长因子大量表达，提取发酵产物并对其进行纯化，作为化妆品的添加成分。利用基因芯片技术筛选特定活性成分，通过基因组学手段研究基因多态性对化妆品的影响，以便对不同的基因型个人"量身定做"化妆品，充分发挥化妆品的功效，同时把不良反应减至最小。基因芯片技术用于化妆品开发的应用方向包括：功效成分作用靶点研究、功效成分的筛选以及高通量筛选平台的建立、开发特定的化妆品。利用基因重组技术生

产原料，将其作为化妆品功能性添加剂，将极大推动化妆品业向生物化、高功能性发展。

得益于生物提取分离技术、生物发酵技术、植物组培技术、干细胞技术、核酸技术等在化妆品行业的高效应用，生物技术主要用于生产科技含量比较高的化妆品活性添加剂，如蛋白质及多功能多肽类、氨基酸类、脂质类、酶类、多糖类、有机酸类、维生素类和植物活性成分类等生物制剂，为化妆品开发提供高效、安全和价优的原材料和添加剂。

（2）利用生物技术进行化妆品新原料的筛选

细胞和组织体外培养技术是进行功能性化妆品新原料预筛选的有效方法之一。许多功能性化妆品采用了天然动、植物提取物和生物技术原料，以达到美白、抗衰老、祛斑、抗皱等功效，这就需要对活性原料进行预筛选。动物细胞培养技术可模拟人体内的生理环境，为皮肤生理学、病毒学、免疫学等提供技术基础，可以为特定目标区域提供有效指示，如胶原蛋白的生成和黑素的产生等。这一技术在化妆品功能性新原料的研究开发中应用较多。

（3）利用生物技术进行化妆品评价

化妆品评价通常包括安全性评价和功效性评价，有多种评价手段。

化妆品功效性评价是通过生物化学、细胞生物学、临床评价等多种方法对化妆品功效进行综合测试、合理分析和科学解释，是对其功效性宣称进行科学支持的有效手段。生物技术在化妆品功效评价上的应用主要包括保湿功效评价、美白功效评价、抗衰老功效评价、舒敏性功效评价等，依据各宣称功效的形成途径及作用机理，评价方法一般分为体外法和在体法两大类。其中体外法包括物理化学法、生物化学法、细胞生物学法、三维重组皮肤模型（3D 皮肤模型）替代法等；在体法包括动物实验、主观评价及客观仪器评估等方法。2010 年 9 月，欧洲议会通过了修订关于动物替代实验的 3R 原则，体外替代实验已逐渐成为主流的化妆品功效评价方法。

在化妆品开发的安全性评价方面，生物技术特别是体外细胞培养技术得以广泛应用。例如利用体外人工皮肤（拟表皮）和三维多细胞培养成的皮肤组织进行刺激性、透皮吸收、光毒性等评价，具有稳定、快速和可以消除人体实验中由于个体差异所带来的不确定性等诸多优点。

利用体外细胞培养技术进行化妆品安全性评价主要有两种方法：①乳酸脱氢酶（LDH）渗出法，当细胞被表面活性剂损伤时会有 LDH 从破坏的细胞中渗出，根据测出的 LDH 含量判断细胞受刺激破坏的程度；②MTT 分析法，它可以测试线粒体的完整性和细胞活性，其数据与由表面活性剂引起的刺激相关。利用体外细胞培养技术进行化妆品功效性评价也有应用。目前市场上应用比较成熟的三维皮肤模型有：欧莱雅（L'Oréal）的 EpiSkin®、SkinEthic®，汉高（Henkel）的 Phenion®，

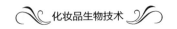

巴斯夫的 Mimeskin® 以及博溪生物的 FulKutis® 等。这些模型主要应用于化妆品原料或配方的抗衰、抗氧化、美白等功效评价，化妆品配方或保湿产品的含水量评估，产品的促创伤修复功效评价，以及皮肤科学的基础研究。

（4）利用生物技术提高化妆品的透皮吸收利用度

化妆品功效成分的透皮吸收指化妆品的有效成分通过皮肤并到达不同皮肤层发挥各种作用的过程。化妆品透皮传输中的生物技术是指采用现代皮肤科学研究新成果，对皮肤细胞生物结构与功能深入研究，结合新的传输技术，如微乳液技术、渗透促进剂技术、新型载体（脂质体、微胶囊、环糊精、纳能托、多孔聚合物微球、球形液晶）技术、纳米技术等，与传统功效添加剂（如蛋白质和多功能多肽类、多糖类、酶类、维生素类、有机酸、脂质类、氨基酸类、植物活性成分等）相结合，制得新型的生物活性添加剂，用于化妆品功效成分的研发。如今，对于化妆品透皮传输中的生物技术研究主要集中在促透剂的选用及透皮传输系统的开发，如通过脂质体、微胶囊等载体将植物精油送到作用皮肤层。市售 SK-Ⅱ 360°全效焕采活肤露、植村秀深海滋润修复精华液等产品就是采用环糊精或纳米技术来提高透皮传输能力。法国欧莱雅公司在 2003 年公开的美国专利 US 6565886，介绍了一种纳米微胶囊的制造工艺，该纳米胶囊包括脂质中心和不溶于水的聚己二酸烷烯包膜。Coletica 公司（现属 Engelhard 公司）也曾使用交联蛋白质膜生产纳米微胶囊并用于化妆品。

第四节　发展趋势

总体上看，生物技术与有关科学的综合渗透以及研究技术和手段的革新是现代生物科学的显著特点和发展趋势。现代生物科学的发展，是生物科学与数学、物理学、化学等科学之间相互交叉、渗透和相互促进的结果。其他相关科学推动了生物科学对生命现象和本质的研究不断深入和扩大，生物科学的发展也为其他相关科学提出了许多新的研究课题，开辟了许多新的研究领域。可见，生物科学与有关科学高度的双向渗透和综合，也已经成为当代生物科学的一个显著特点和发展趋势。伴随基因药物、预防医疗、可再生医学、新型食品、室内种植技术、超级生物加工厂等生物技术进步及由此引发的产业变革进程持续加快，医药、制造、能源、农业等领域不断产生革命性突破，正在并将继续对经济社会发展产生广泛而深刻的影响，生物经济时代序幕渐启，已初步呈现出与信息经济时代迥然不同的全新景象，特别在医药健康、生物农业、制造业、能源行业等领域表现得尤为明显。

一、医疗

近半个世纪尤其是近 20 年以来，以基因检测、细胞治疗、精准医疗、智慧医疗等为代表的大量新技术，正在改变传统的疾病预防、检测、治疗模式，为人类健康提供了新的医疗手段。分子育种、药物基因组学、干细胞技术将使医学的治疗过程更加人性化。分子育种技术将促进发展高灵敏性的产品，这些药品能够更准确地满足患者的需要；以药物基因组学为基础的治疗技术将会提高治疗的准确性，利用这些药品可对具体病人进行针对性的治疗；结合了反转录病毒治疗的胚胎干细胞治疗技术可以产生新的器官和组织，可以逐渐替代老化或患病的器官，甚至可以减慢或阻止分子老化。目前，生物技术产品将开始离开实验室进入大规模的商品化生产。

二、制造业、能源行业

可再生化学品生物制造新路线产业化进程快速推进，塑料、化纤、橡胶及许多大宗传统石油化工产品逐渐被以可再生碳为原料的生物基产品所替代。以生物催化剂替代化学催化剂，以生物加工过程取代化学工艺过程，在减少化学助剂、重金属等使用，降低废气、废水排放，节约生产成本等方面的作用日益显现。同时，人类获取食品、药品等主要依靠农业种植的传统路径也会发生改变，生物合成技术可以使其实现车间生物制造，不仅将创造可观的经济利润和大幅提高生产效率，还能有效减少对自然和环境的依赖。未来，全球食品、天然药物原料等产业格局将被重构。

三、农业

生物育种技术进步和应用拓展正在引发粮食生产、消费迈向全新的发展阶段。育种技术与全基因组选择、基因编辑、高通量测序、表型组学等领域的新技术加快融合，极大提高了种质资源鉴定与评价、种苗选育与规模化生产的质量和效率，带动生物农业进入大数据、大平台、大发现的崭新时代。

四、化妆品行业

生物技术的发展对化妆品科学起到了极大的促进作用。生物技术的发展让人们对某些生命现象，如皮肤的老化现象、色素的形成过程、光毒性机理、饮食对皮肤的影响有了科学的认识，使人们可以依据皮肤的内在作用机制，通过适当的体外模型有针对性地筛选原料、设计新配方，进而改善或抑制某些不良过程；利

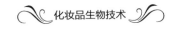

用大肠杆菌、酵母菌、动植物细胞来生产一些昂贵高效的物质作为化妆品的原料。同时，以分子生物学为基础的现代皮肤生理学、干细胞技术、核酸技术的发展，势必会为化妆品行业带来新的理念、新的技术、新的原料、新的服务模式，从而开启化妆品行业的新时代。未来生物技术在化妆品中的发展趋势如下。

1. 积极开发绿色海洋资源

早在 1904 年，法国生物学家 Rene Quinton 就证明了血浆与海水之间存在着类似性，他详细解释了原始活体细胞来自海洋环境的假设。可以说海洋是生命的摇篮，在覆盖地球 3/4 面积的海洋里目前仍然生活着形状各异、大小不同的 20 余万种生物，它们占地球上整个生命界物种的 80%。如此众多、功能各异的海洋生物资源是研究开发的巨大宝库。我国既是一个陆地大国，又是一个海洋大国，从海洋开发生物活性物质潜力巨大。从海洋生物，如虾蟹等外壳中提取的氨基多糖被认为是迄今为止自然界唯一的一种带阳离子的天然多糖，具有较好的肌肤亲和性与保湿效果。正是由于这些动物长期生活在大海中，汲取多种营养成分，最终才合成了氨基多糖，而在植物体内根本就合成不了这种物质。

目前，世界上 Magainin、Eli Lilly、Hoffaman-La Roche、Allergan、Syntex、Bristol-Myers、Stering Drug（Sanofi）、Smith-Kline Beecham Pharmaceuticals 等相关公司均已专注于珊瑚和海洋微生物的研究与开发。在国内，烟台东诚生化有限公司通过提取鲨鱼软骨、鱼鳞鱼皮等废弃物中的活性物质，制造出硫酸软骨素以及胶原蛋白和氨基葡萄糖等一系列功能原料。北京盛美诺公司生产加工的鱼鳞胶原蛋白等系列产品被广泛用于美容、医药、食品和保健品等领域，产品远销欧美、澳大利亚和东南亚等多个国家和地区。以海洋生物高科技为基础，从海洋生物中提取活性物质配制的化妆品，将越来越显示出其优越性。

2. 全面提升化妆品功效

对于化妆品功效的提升，在配方组织方面要注意相关机能的相互协同作用机理，对于一些生物科技产品，要高度重视其产品功效与质量安全的平衡。对一些中草药或植物提取产品的应用，要注重产品功效与用药组方的协调，要充分认知中药组方"君、臣、佐、使"的作用原则，在宏观且整体的配方组方上做足功课。

在保湿作用中，要关注产品中保湿剂的使用。在不同湿度条件下保湿的机理有所不同：高湿度条件下，需要吸水性保湿剂吸收环境中的水分，为肌肤所用；而在低湿度条件下，则需要封闭性油脂对皮肤起到隔离屏障作用，不致水分向外流失。所有平衡结果的关键，是需要皮肤自身的健康与天然屏障发挥作用。要美白，首要任务是抑制酪氨酸酶活性，阻断黑色素的形成，但同时还必须注重肌体的各种防护、自我修复与新陈代谢功能的调节，也不能忽略日常生活中对各种紫外线的防御。要考虑如何提升肌肤的自我修复、自我还原的调节能力，要明白如何进一步让内在的红润体现出来。一个配方是基于产品配方师对产品功效、产品活性物质、产品组方以及肌体效能的全面认识形成的，是配方师综合智慧的结晶。

有了对基础功能原料的广泛开发，有了对一些功能原料的全面认识，有了新兴的分子科学，有了基因工程，在融会贯通各方面基础知识与实践应用的基础上，方能促进整个活性化妆品的开发。

3．全面提升产品品质内涵

虽然天然活性物质具有大家公认的功能多、适用面广、安全、基本无副作用或副作用小等特性，但现代的天然活性成分有植物的、动物的和微生物的，既需要生物工程的"参与"，也需要基因工程的"协助"。如果对这些新科学、新技术和新工艺还不了解，就会落后，就会加大与国际间的差距，更谈不上新时期的"与时俱进"。西方医学技术对人体衰老机制的研究与发展起步较早，且取得了世界性的突破。以现代分子生物学为基础的皮肤生理学已揭示了皮肤新陈代谢的生物化学过程，以西医药学理论为基础的检测体系又可以较科学地验证活性单体成分与皮肤的作用机理。将之与我国传统中医学结合起来，将现代科技应用于化妆品领域，开发具有各种功效的天然活性化妆品，全面提升天然活性化妆品的品质内涵，必将造福人类的美丽事业。

4．其他方面

近年来，化妆品行业受到"回归自然"的影响，化妆品公司把大部分精力都放在了提取天然活性添加剂的研究方面。而事实上，组蛋白比天然衍生物具有更多优点，如更纯、更安全、活性更高。由于 DNA 表达的专一性，人们可以得到与体内完全相同的高活性分子蛋白或其他成分，而且整个生产过程快速、安全。因此应用基因工程进行小剂量和高效能的相关活性添加剂的研发将会越来越受到重视。

在提取物中很难去除一些污染物，如溶解剂、细菌、毒素、杀虫剂、病毒等。利用细胞工程，如植物细胞培养获得的人参皂苷、柴胡皂苷、甘草酸、紫草素和类胡萝卜素等，则可完全避免上述不利因素的影响，同时可以保证原料供应和原料价格稳定。

利用动物细胞培养的滤液、微生物细胞发酵以及培养细胞的破碎等，可获得高纯度的动物蛋白酶、脂肪酶等，避免了直接从动物体内提取携带传染病的可能性，同时可以提高相应活性物质含量，有很好的发展前景。

随着对天然产物中活性成分结构和相关功效的研究和探索，越来越多的结构与功效之间的相关性被揭示，这非常有利于活性成分依据其结构进行相关功效应用的筛选及机理揭示，基因芯片等前沿技术将应用于化妆品研发和功效评价中。

　　需要注意，在生物技术产品应用前需要做一系列毒理及生物学实验，以确保其安全性。同时，在功能性化妆品中添加天然提取物也存在安全风险，随着动物实验在欧洲国家的取缔，将有更多的、合理的、科学的生物技术手段应用于安全性替代实验的研究中。

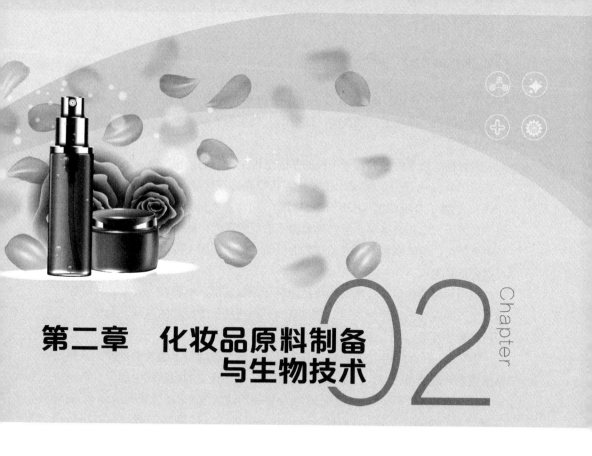

第二章 化妆品原料制备与生物技术

第一节 生物技术对化妆品原料制备的影响

化妆品业内对天然动植物的提取和分离纯化的研究非常活跃，在对传统的煎煮、浸渍、回流等提取方法进行改进和深入研究后，又发展出了超临界萃取技术、超声波和微波辅助提取技术、半仿生提法法、酶提取法、固相微萃取法等现代提取技术。在生物分离纯化技术方面，发展出了具有较高选择性的分离技术（如亲和萃取技术、亲和膜分离技术等）和以强化为目标的耦合分离技术（如制备型电动色谱技术、膨胀床色谱技术等）。这些技术让我们能够制得纯度更高、活性更强的生物活性成分，如植物多糖、黄酮、生物碱、皂苷、挥发油等，可以作为化妆品活性添加剂。得到的天然产物形式包括精油、提取液、干粉、奶液、蜡、人体胎盘提取物和胶原蛋白等。它们具有广泛的生理活性，具有如美白、祛斑、抗过敏、控油、去痘、去屑止痒、防脱生发和滋养保湿等功效。

伴随着人们对生产生活中一些特殊现象认识的加深、理解与应用，微生物发酵产品以其功效明显、靶向作用强、质量稳定以及能够大大提高某些稀有成分的产量等优势，正被不断地应用于化妆品中。运用发酵工程技术研究生产的化妆品

原料很多，包括透明质酸（HA）、曲酸、亚麻酸、乳酸、柠檬酸、乙醇、黄原胶、氨基酸（例如二棕榈酰羟脯氨酸，DPHP）、微生物多糖、壳聚糖、溶角蛋白酶、碱性弹性蛋白酶等。

随着科学技术的发展，分子级的基因工程生物制剂也在飞速发展，在化妆品中的应用研究也获得了突破，许多基因药物有待在化妆品中应用，例如干扰素（INF）、酸性成纤维细胞生长因子（aFGF）、胰岛素生长因子（IGF）、角质形成细胞生长因子（KGF）等等。虽然目前由于法规的原因，此类产品在我国化妆品中被明令禁用，但随着相关研究和技术的成熟，此类基因工程类化妆品原料将很有可能会重获生机。

利用植物细胞培养技术对化妆品原料（如紫草宁、熊果苷、人参、甘草等）体外培养的成功极大地解决了一些稀有的天然草药资源短缺的问题，为其工业化应用提供了保障。

近年来，人们利用酶工程技术开发功能性活性肽取得了很大的进展。目前已从酪蛋白、乳清蛋白、大豆蛋白、玉米蛋白、水产蛋白的酶解物中制得一系列功能各异的生物活性肽。常见的已在化妆品中使用的肽类有：L-肌肽（L-carnosine）、谷胱甘肽（glutathione）、铜肽（copper peptide）、棕榈酰三肽-5（palmitoyl tripeptide-5）、五胜肽-3（pentapeptide-3）等。这些活性肽类的皮肤的渗透力很强，可迅速激活表皮细胞，为肌肤补充营养，激发真皮层的成纤维母细胞，加快合成胶原蛋白，具有多种护肤美容的效果。

生物前沿技术对化妆品原料的开发起着巨大的推动作用，不仅可以更高效地从一些天然来源的动植物中提取到更多更纯的活性成分，同时能够解决天然原料资源短缺的问题，并且还能够创造出自然界中不存在的活性成分原料。生物技术为我们化妆品原料的开发提供了无限的想象空间和创造可能。

第二节　生物提取分离技术与化妆品原料

一、生物提取分离技术的应用

提取方法主要包括溶剂提取法、水蒸气蒸馏法、升华法等。分离纯化方法包括溶剂分离法、萃取法、沉淀法、盐析法、透析法、结晶法、色谱法等。这些方法虽然可以去除无效成分、保留有效成分，但普遍存在着有效成分损失大、生产周期长、杂质清除率低等缺点，直接影响生物制剂的质量和生物制剂产业的发展。

1．生物提取技术

（1）溶剂提取法

溶剂提取法的基本原理是"相似相溶"，可以通过选择适当的溶剂将化学成分从原料中提取出来，常用浸渍法、渗漉法、煎煮法、回流提取法及连续提取法等。同时，原料的粉碎度、提取时间、提取温度、设备条件等因素也都能影响提取效率，均须加以考虑。

① 浸渍法　浸渍法是在常温或者低温（<80℃）条件下用适当的溶剂浸渍药材以溶出其中成分的方法。该法适合于有效成分预热不稳定或含大量淀粉、树胶、果胶的药材的提取。但该法出膏率低，当水为溶剂时，其提取液易发霉变质，须注意加入适当防腐剂。

② 渗漉法　渗漉法是将中草药粉末装在渗漉器中，不断添加新溶剂，使其渗透过药材，自上而下从渗漉器下部流出浸出液的一种浸出方法。当溶剂渗进药粉，因溶出成分相对密度大而向下移动时，上层的溶液或稀浸液便置换至其位置，造成良好的浓度差，使扩散能较好地进行，故浸出效果优于浸渍法。但该法耗溶剂量大、费时长、操作麻烦。

③ 煎煮法　煎煮法是我国最早使用的传统浸出方法。所用容器一般为陶器、砂罐或铜制、搪瓷器皿，不宜用铁锅，以免药液变色。直火加热时最好时常搅拌，以免局部药材受热太多，容易焦糊。有蒸汽加热设备的药厂，多采用大反应锅、大铜锅、大木桶或在水泥砌的池子中通入蒸汽加热。还可将数个煎煮器通过管道互相连接，进行连续煎煮。

④ 回流提取法　用易挥发的有机溶剂加热回流提取药材成分的方法。此法提取效率较冷浸法高，大量生产中多采用连续提取法，但此方法不适于热不稳定性成分的提取，且耗溶剂量大。

⑤ 连续提取法　应用挥发性有机溶剂提取中草药有效成分，不论小型实验或大型生产，均以连续提取法为好，而且需用溶剂量较少，提取成分较完全。实验室常用脂肪提取器（或称索氏提取器）提取。连续提取一般需数小时才能提取完全。提取成分受热时间较长，因此，遇热不稳定、易变化的成分不宜采用此法。

a.水提法　水提法因操作简单、成本低廉而成为科研者使用频率较高的提取方法，此法基于"相似相溶"的原则，提取相关易溶于水、不溶或微溶于有机溶剂的活性成分。

b.酸碱法　酸碱法即通过添加相应的酸或碱以调整提取溶剂的酸碱度，从而提高目标产物在提取溶剂中的含量。例如，酸提法用适宜的乙酸或盐酸可将含葡萄糖醛酸等酸性基团的多糖更好地提取出来；碱提法碱能更好地提取多糖的原因是稀碱液有助于解除植物细胞壁分子间的化学和物理作用，并可转化多糖与蛋白

质间的结合方式。

c.有机溶剂提取法　根据"相似相溶"的原理，采用有机溶剂进行相关活性成分的提取。乙醇能与水以任意比例混溶，应用广泛，常用于水溶性成分（如生物碱及其盐类、苷类、糖等）和极性较小的树脂、挥发油、内酯、芳烃类化合物等成分的提取；氯仿、乙醚、苯、石油醚等非极性溶剂可用于挥发油、亲脂性物质的浸提；丙酮可与水以任意比例混溶，常用于新鲜动物药材的脱脂或脱水。

（2）水蒸气蒸馏法

水蒸气蒸馏法适用于能随水蒸气蒸馏而有效成分不被破坏的中草药成分的提取。此类成分的沸点多在100℃以上，与水不相混溶或仅微溶，且在约100℃时存在一定的蒸气压。当与水在一起加热，其蒸气压和水的蒸气压总和为一个大气压时，液体就开始沸腾，水蒸气将挥发性物质一并带出。例如中草药中的挥发油，某些小分子生物碱——麻黄碱、槟榔碱，以及某些小分子的酚性物质——牡丹酚（paeonol）等，都可应用本法提取。有些挥发性成分在水中的溶解度稍大些，常将蒸馏液重新蒸馏，在最先蒸馏出的部分分出挥发油层，或在蒸馏液水层经盐析法并用低沸点溶剂将成分提取出来。例如玫瑰油、原白头翁素（protoanemonin）等的制备多采用此法。

（3）升华法

固体物质受热直接气化，称为升华。气化后遇冷又凝固为固体化合物。中草药中有一些成分具有升华的性质，故可利用升华法直接自中草药中提取出来。例如从樟木中升华制樟脑，在《本草纲目》中已有详细记载，这是世界上最早应用升华法制取药材有效成分的记述。茶叶中的咖啡碱在178℃以上时能升华而不被分解。游离羟基蒽醌类成分、一些香豆素类（例如七叶内酯）成分、有机酸类（例如苯甲酸）成分，有些也具有升华的性质。

升华法虽然简单易行，但中草药炭化后，往往产生挥发性的焦油状物，黏附在升华物上，不易精制除去；其次，升华不完全，产率低，有时还伴随有分解现象。

（4）酶法

酶处理条件温和、高效专一、环保节能、工艺简单、缩短提取时间，产物不易变性，提取率较高，分离效果较好。植物细胞因为细胞壁的存在使其细胞内活性成分提取率较低，在提取过程中加入酶（果胶酶、纤维素酶）可破坏植物细胞壁结构，减少细胞壁和细胞间传质的传质阻力，使细胞内活性成分能够更快地溶出细胞。动物细胞的活性成分或分子量较大的蛋白质不容易被提取出来，且大分子的蛋白质不易被皮肤吸收，无法发挥其功效。因此常用蛋白酶进行处理，降低传质阻力，将大分子蛋白质降解为较小分子量的多肽以更利于应用。

（5）微波辅助提取法

微波提取法是根据微波在传输过程中遇到不同性质的物质时，会在微波的反射、穿透和吸收上产生差异，进而选择性地使细胞内的极性分子的温度升高，细胞内压增大，最终使细胞内的有效成分自动流出。利用微波穿透能力强和加热迅速的特点，微波能极大加速细胞壁的破裂，应用于天然活性成分的提取中，能极大加快提取速度，增加提取率。

（6）超临界流体萃取法

常用超临界 CO_2 萃取分离。在超临界状态下，将超临界流体与待分离的物质接触，使其有选择性地把不同极性、不同沸点和不同分子量的成分依次萃取出来。

（7）亚临界水萃取法

亚临界水萃取法是在一定的压力下，将水加热到 $100\sim374℃$ 时，水仍然保持液体状态，与常温常压水相比更近似于有机溶剂，水的极性在较大范围内变化，可实现天然产物中有效成分从水溶性成分到脂溶性成分的连续提取。

2．生物分离纯化技术

上述提取法所得到的中草药提取液或提取物仍然是混合物，需进一步除去杂质，分离并进行精制。

（1）沉淀法

沉淀法是在中草药提取液中加入某些试剂使其产生沉淀，进而去杂质的方法。

① 铅盐沉淀法　铅盐沉淀法是分离某些中草药成分的经典方法之一。由于醋酸铅及碱式醋酸铅在水及醇溶液中能与多种中草药成分生成难溶的铅盐或络盐沉淀，故可利用这种性质使有效成分与杂质分离。中性醋酸铅可与酸性物质或某些酚性物质结合成不溶性铅盐。因此，常用于沉淀有机酸、氨基酸、蛋白质、黏液质、鞣质、树脂、酸性皂苷、部分黄酮等。可与碱式醋酸铅产生不溶性铅盐或络合物的范围更广。通常将中草药的水或醇提取液先加入醋酸铅浓溶液，静置后滤出沉淀，并将沉淀洗液并入滤液，于滤液中加碱式醋酸铅饱和溶液至不发生沉淀为止，这样就可得到醋酸铅沉淀物、碱式醋酸铅沉淀物及母液三部分。

② 试剂沉淀法　例如在生物碱盐的溶液中加入某些生物碱沉淀试剂，则生物碱生成不溶性复盐而析出。水溶性生物碱难以用萃取法提取分出，常加入雷氏铵盐使之生成生物碱雷氏盐沉淀析出。又如橙皮苷、芦丁、黄芩苷、甘草皂苷均易溶于碱性溶液，加入酸后可使之沉淀析出。某些蛋白质溶液，可以通过变更溶液的 pH 值，利用其在等电点时溶解度不同的性质而使之沉淀析出。此外，还可以用明胶、蛋白溶液沉淀鞣质；胆甾醇也常用于沉淀洋地黄皂苷等。可根据中草药有效成分和杂质的性质，适当选用。

（2）盐析法

盐析法是在中草药的水提液中加入无机盐至一定浓度，或达到饱和状态，使某些成分在水中的溶解度降低以沉淀析出，进而与水溶性大的杂质分离。常用于

盐析的无机盐有氯化钠、硫酸钠、硫酸镁、硫酸铵等。例如三七的水提取液中加硫酸镁至饱和状态，三七皂苷即可沉淀析出；自黄藤中提取掌叶防己碱，自三颗针中提取小檗碱在生产上都是用氯化钠或硫酸铵盐析制备。有些成分（如原白头翁素、麻黄碱、苦参碱等）水溶性较大，在提取时，亦往往先在水提取液中加入一定量的食盐，再用有机溶剂萃取。

（3）透析法

透析法是利用小分子物质在溶液中可通过半透膜，而大分子物质不能通过半透膜的性质达到分离的方法。例如分离和纯化皂苷、蛋白质、多肽、多糖等物质时，可用透析法以除去无机盐、单糖、双糖等杂质。反之也可将大分子的杂质留在半透膜内，而小分子的物质通过半透膜进入膜外溶液中，实现分离精制。

（4）结晶法

鉴定中草药化学成分，研究其化学结构，必须首先将中草药成分制备成单体纯品。常温下物质本身是液体的化合物，可分别用分馏法或色谱法进行分离精制。一般地说，中草药化学成分在常温下多半是固体的物质都具有结晶的通性，可以根据溶解度的不同用结晶法来达到分离精制的目的。研究中草药化学成分时，一旦获得结晶，就能有效地进一步精制成单体纯品。纯化合物的结晶有一定的熔点和结晶学特征，有利于鉴定。如果鉴定的物质不是单体纯品，不但不能得出正确的结论，还会造成工作上的浪费。因此，获得结晶并制备成单体纯品就成为鉴定中草药成分、研究其分子结构重要的一步。

（5）色谱法

色谱过程是基于样品组分在互不相溶的两"相"溶剂之间的分配系数不同（分配色谱）、组分对吸附剂吸附能力不同（吸附色谱），被分离物质在离子交换树脂上的离子交换势不同（离子交换色谱），分子大小不同（体积排阻色谱）而分离。通常，流动相为气体的称为气相色谱，流动相为液体的称为液相色谱。常用的色谱法有薄层色谱法、吸附色谱法。

二、生物分离纯化技术的应用

随着天然产物研究和开发的现代化，一些现代高新工程技术正不断地被借鉴到天然活性产物生产中来。目前来看，不同的分离纯化技术各有优缺点。以下对使用到的天然产物提取分离技术做了一些分析和总结。

1．超临界流体萃取技术

超临界流体萃取技术可提高提取纯度、不破坏有效成分结构，利用此方法获得的萃取物化学溶剂的残留较少，目前此技术常用于中草药化妆品原料开发领域。

超临界萃取同时具有萃取和精馏的优点，既可以分离难分离的物质，也可以简化产物的分离过程。例如在高压条件下使超临界流体与沉香接触，沉香中的萜烯类化合物、色酮、植物蜡、树脂和色素溶于超临界流体中，分离后采取逐级降压，可使其多种组分分步析出。超临界流体可选用化学稳定性好、无毒无腐蚀性、临界温度接近常温的物质作为萃取剂，与传统工艺相比较，超临界萃取可将有效成分高度浓缩，杂质少。另外，超临界萃取技术特别适于某些热敏性物料的萃取，如从桂花、茉莉花、菊花、梅花、米兰花、玫瑰花中提取相应的花提取物，不仅可以有效地提取出芳香组分，而且还可以提高产品纯度，保持其天然香味。

2．超声提取技术

超声提取也是 20 世纪 60 年代开始用于提取研究的方法，是利用超声波（$2.0 \times 10^4 \sim 3.0 \times 10^8$Hz）来产生空化效应和引发化学反应，形成瞬间空化高温和局部高压使中药有效成分快速溶出。此外，超声波具有机械振动、击碎、乳化、扩散等作用，可以加快药物有效成分扩散，并且可以与有机溶剂进行充分混合而有利于药物提取分离。超声提取技术的最大优点是：所需温度低、生产时间短、产率高。该方法为中药现代化生产的提取分离提供合理的生产工艺、流程及参数。由于超声提取的过程属于物理过程，不发生化学反应，因此保持了中药有效成分的化学性质和活性。目前，超声提取技术主要用于单味中药材有效成分的提取和少量复方药材成分的提取。用于提取的化学成分有生物碱、挥发油类、多糖类、苷类、黄酮类、醌类、萜类、氨基酸类等。采用超声提取技术提取人参皂苷的提取速度是常规溶剂浸提法的 3 倍，由于提取所需温度较低，得到的人参皂苷的有效成分没有被破坏，活性比传统方法高。利用超声提取技术提取大豆异黄酮，20min 便可以把有效成分很好地提取分离出来，且提取物的活性比传统提取法高。

3．半仿生提取技术

半仿生提取技术是为经消化道给药的中药制剂设计的一种新提取分离工艺，其原理是模拟口服给药，药物经胃、肠道转运。半仿生提取技术首先将中药材用一定 pH 值的酸性溶液提取，然后再用一定 pH 值的碱性溶液提取，两次提取液经过滤、浓缩等方法制成中药制剂。半仿生提取法的主要优点有：①符合人体消化吸收的原理，可更好地对中药进行提取；②在工艺条件上，可以加快中药提取的速度，缩短药物生产周期，降低所需的成本，不经过有机溶剂的处理，可以保留更多的有效成分。目前，半仿生提取法仍有一些缺点，如提取过程所需温度较高，中药中许多不耐热成分容易被破坏而降低药效；此外，工业提取不可能完全模仿复杂的人体结构。一些学者认为应将药物提取所需温度降低，并在提取液中加入一定量的消化酶，使其提取分离更接近药物在人体内的过程。采用半仿生提取法对黄连解毒汤的最佳药材组合方式进行了筛选，以所得到的黄芩苷、栀子苷、小

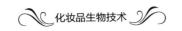

檗碱、总黄酮、总生物碱的量作为衡量标准，结果表明黄连解毒汤以黄连、黄柏与栀子合煎，黄芩单煎的提取方式最佳。

4. 微波提取技术

微波提取技术是在微波反应器中，利用合适的溶剂从中药中提取各种有效化学成分的技术。该技术的原理是：电磁波对植物细胞的撕裂和相互摩擦引起细胞发热，使其温度迅速升高，持续的高温使细胞内部压力远超过细胞空间膨胀能力，细胞破裂，胞内有效成分自由流出。这种技术的优点在于微波的穿透力较强，可使反应物迅速、均匀受热，生产所需时间短，成本低，溶剂用量较少，产生的废物少，同时可以使提取率和提取物的纯度大大提高。微波提取技术在天然产物的提取方面应用非常广泛，为药物资源的有效利用和合理开发提供了科学的指导。利用微波提取技术可从马鞭草、连翘中提取黄酮类化合物。该方法是一种快速、高效、节能、环保的绿色提取工艺，具有效率高、选择性强、耗时少、耗溶剂量少、能耗低、污染小等优点。

5. 新型吸附剂电泳

新型吸附剂电泳方法包括毛细管电泳法、凝胶电泳法和快速蛋白液相色谱技术等。目前应用最多的是毛细管电泳法。毛细管电泳又称高效毛细管电泳，该方法的研究包含电泳、色谱及其交叉内容，近年来发展十分迅速。其原理是以高能的电场驱动中药药品中的活性组分在毛细管中分离，由于不同组分在毛细管中的迁移速度不同，因此各组分能够相互分离。这种方法对样品的处理较简单、操作方便、消耗资源能量低、分离效果好且速度快，满足当前的药检对于精度、速度和提取率的要求。其他新型吸附剂电泳方法同样具有精度高、分离速度快且提取率高的优点。已有研究应用胶束电动毛细管电泳法分离麻黄碱和去甲麻黄碱，分离效果很好，这种方法可以用来评价这些药物，并对其进行质量的控制。新型吸附剂电泳的准确性很高，速度快，提取时间短，有很好的发展前景。

6. 制备型液相色谱法

色谱分离技术已经成为当代高效分离与纯化技术的研究前沿，主要应用于制备高纯度生物活性物质。制备型液相色谱技术具有高分离效率、高回收率、大进样量等特点，目前常用的色谱类型包括正相色谱和反相色谱。由于在正相色谱中，杂质在固定相上可能产生不可逆吸附以及大的溶剂消耗，因此在制备标准品时，制备级的反相液相色谱成为优先考虑的技术。例如分离制备香豆素类（如香柑内酯、欧前胡内酯等），黄酮醇及黄酮类（如荭草苷、异荭草苷、牡荆素、异牡荆黄素等），异类黄酮及新类黄酮类（如异类黄酮葛根素等），环烯醚萜苷类（如栀子苷、栀子糖苷、山栀苷、鸡矢藤苷甲酯、去乙酰基车前草酸甲酯、京尼平-1-β-D-龙胆双糖苷等），有机硫化物类（如异硫氰酸盐、异硫氰酸酯、氰基异硫氰酸盐等）。

7．超高效液相色谱

超高效液相色谱是以高效液相色谱法的理论和原理发展的新型分离技术。这种方法包括小颗粒填料、快速检测手段等新技术，还增加了分析通量和色谱峰容量。与传统的高效液相色谱法相比，超高效液相色谱效率更高，分离度和灵敏度都大大改善。高效液相色谱的色谱填料粒径一般都是 5μm，但是超高效液相色谱的色谱填料粒径最低能达到 1.7μm，更有利于活性成分的分离提取，对中药天然成分中的复杂组分分离效果显著。

高分离快速液相色谱以 van Deemter 方程为理论基础，即填料的颗粒度减小，理论板高度随之下降，柱效增高。颗粒度较大的填料存在最佳体积流量点，不在这个流量点，理论板高度会提高、柱效下降；而小颗粒的填料的体积流量范围较大，能够在较大的范围内保持柱效，能够快速地分离中药等植物中的有效活性成分。

超高效液相色谱法可在化妆品分析检测中应用。比如检测化妆品禁用成分（抗生素、激素等）限用物质（防腐剂、防晒剂、着色剂、染发剂等）和功效成分（育发类，护肤类等）。超高效液相色谱可节省时间、降低能耗，与其他检测方法相比，优势明显，为化妆品市场监管提供了有力的技术支撑。

8．高速逆流色谱分离技术

高速逆流色谱分离技术是一种液-液分配色谱技术，不需要任何支撑体或载体，因而不存在载体对样品的吸附和污染。该技术具有分离效率高、提取物纯度高、生产量大、溶剂消耗少等优点。有人利用高速逆流色谱分离技术，以正己烷-乙酸乙酯-甲醇-水作为两相溶剂体系，经一步逆流分离可以从补骨脂粗提取物中分离得到补骨脂素和异补骨脂素，可以使二者纯度分别高达到 99.4% 和 99.1%。该技术可以用于大量药物提取分离，回收率也非常高。高速逆流色谱分离技术不仅适用于各种类型化合物的分离，还可以对中药粗提物进行各组分的分离和纯化。该方法可以用于药物的分析，对药物质量进行研究，也有可能会成为中药制剂生产的一种新技术。

9．分子蒸馏技术

分子蒸馏是一种特殊的液-液分离技术，它不依靠沸点差分离，而是靠不同物质分子运动平均自由程的差别进行分离。它具有操作温度低、受热时间短、分离效率高、蒸馏压强低的特点，适用于沸点高、热敏性及易氧化药物的提取分离。该技术主要用于天然维生素、色素的提取与分离，也可与超临界流体萃取技术联用，用于对极性物质的提取，也可用于对提取物的进一步纯化、精制。

近年来，分子蒸馏技术广泛应用于石油化工行业，包括提纯化工产品中间体、

避免高温对产品纯度与性质的影响、分离产品与催化剂、处理与回收废油等。在食品领域，该技术被应用于动植物油脂的提取与精制、高价值产品的分离和提纯等。在化妆领域，分子蒸馏技术常被用于分离提纯植物精油的工艺中。

10．大孔吸附树脂技术

大孔吸附树脂技术基本原理是：大孔树脂通过其本身存在的微观小球网状孔穴结构，发挥出较大的吸附能力，这是因为孔穴结构相对较多，颗粒总表面积较大，并受极性基团的作用；网状的孔穴孔径在一定范围内能够选择分子量合适的物质，进而通过吸附和分子筛将药材中的有机化合物吸附出来，随后利用溶剂进行洗脱，便可以顺利将需要的物质分离出来。大孔吸附树脂技术能够发挥出更好的选择性，获得的产品纯度相对更高，能够将制成的药物剂量合理降低。该技术工艺流程比较简单，设备应用也比较简单，成本相对较低，树脂能够再生。

目前，大孔吸附树脂技术在我国常应用于药物和天然活性产物的提纯、化妆品中功效活性成分的分离和纯化等。

11．膜分离技术

膜分离技术是现代分离技术领域中先进的技术之一。该技术主要是利用具有选择透过性的薄膜（包括超滤膜、微孔滤膜、半透膜、反渗透膜等），以外界能量或化学位差为推动力，对双组分或多组分体系进行分离、分级、提纯或富集，实现溶质与溶剂的分离。当溶液体系进入滤器时，在滤器内的液膜表面发生分离，溶剂（水）和其他小分子量溶质透过具有不对称微孔结构的滤膜，大分子溶质和微粒（如蛋白质、病毒、细菌、胶体等）被滤膜阻留，达到分离、提纯和浓缩产品的目的。该技术在常温下操作，无相变，能耗低，目前已经在我国广泛应用于中药活性成分的分离及纯化研究中，具有较为显著的优势。

膜分离技术为最大限度地将目标成分和其他组分分离提供了可能，可以提高产品质量，是实现制备天然产物工艺可重复性和产品质量稳定的重要保证。此技术可以用于分离生物碱类、黄酮类、酚酸类、萜类、多糖类等化合物。膜分离技术是一项高效、节能、无污染、低成本、高选择性的高新技术，随着各种新型膜材料及膜分离系统的不断开发、膜清洗方法的进一步发展，膜分离的性能和天然产物的分离水平将会进一步提高。

12．吸附澄清技术

处理不稳定的胶体溶液或者悬浊液的过程中采用吸附澄清剂能够实现固液快速分离。吸附澄清剂在实际应用的过程中主要可分为无机絮凝剂与有机絮凝剂，对于天然的高分子絮凝剂来说，其没有毒性且可降解，因而已经广泛地应用于药物澄清工艺中。对絮凝效果造成影响的因素主要包括料液的 pH 值、澄清剂搅拌速度与加入量、絮凝温度等。吸附澄清技术在实际应用的过程中具有成本低、安全无毒、专属去杂以及操作简便等优点。

常用的吸附澄清剂有果汁澄清剂、甲壳素类澄清剂。尽管吸附澄清剂在中药澄清中已有了一些研究，取得了一定的进展，尤其是甲壳素类吸附澄清剂，其资源丰富、成本低、应用方便，具有广阔的前景，但其仍无法在工业化大生产中应用，今后还需做进一步的工作。

13．双水相萃取

双水相体系是指某些聚合物之间、聚合物和盐之间或其他组合等，在水中以一定的浓度混合后形成的互不相溶的两相或多相体系。双水相萃取与传统的液-液溶剂萃取原理相似，利用溶质在两相的分配系数的差异而进行萃取。当目标分子进入体系后，在分子间氢键、电荷相互作用、范德华力、疏水作用等的影响下，目标分子在两相间的浓度产生差异，实现分离。

双水相萃取技术发展较快，在药物提取、生物工程、金属分离、发酵工程及环境等领域已得到应用，但在化妆品成分测定和样品前处理方面的应用还鲜有报道，因此在该领域中具有很好的发展前景。

14．发酵-分离耦合技术

产物抑制现象普遍存在于常规生物发酵过程，导致产率难以进一步提升。乙醇的发酵与分离耦合有两种方式：一种是一体化耦合过程，将分离介质直接加入反应器，乙醇分离在其内部完成，如直接将萃取剂或吸附剂加入反应器；另一种是循环式耦合过程，采用循环操作的方式，通过反应器外部的分离装置完成乙醇分离，如一些膜分离过程、二氧化碳循环气提与活性炭吸附相耦合的乙醇发酵过程。基于产物原位分离的发酵-分离耦合技术可以有效缓解或解除产物抑制，大幅提高生产强度，显著降低产物后续分离的负荷与成本。刘晓洁等以筛选得到的PDMS-PVDF 复合膜为分离用膜，开展了丁醇发酵与渗透气化原位分离耦合的研究。与分批发酵相比，发酵结束时发酵液和渗透液中的丁醇总产量从 13.2g/L 提高到 16.9g/L，葡萄糖利用率从 59.4%提高到 95.7%。以 PDMS 陶瓷复合渗透汽化膜分离耦合丁醇发酵，获得渗透液中丙酮-丁醇-乙醇产物质量浓度达到 103g/L，提高了 472%。

三、前景与展望

随着现代生物技术和生物化工技术的快速发展，当今生物技术产业呈现出工业结构多样化、企业竞争加剧、生物产品种类繁多、高价生物产品不断涌现的发展态势。但无论是高价生物技术产品，还是批量生产的传统产品，企业产品的竞争优势最终归结于低成本、高纯度和高价值，所以成本控制、质量控制和追求高

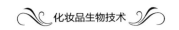

价值将是生物产品分离纯化技术发展的动力和方向。因此，在今后一段时期内，生物分离纯化技术将出现以下特点。

1. 正确对待"新""老"技术，推进多种分离纯化技术相结合

传统分离纯化技术（如精馏、干燥、吸收等）经过 100 多年的发展，在"技术成熟度"和"工业应用度"方面都属于目前生物产品生产领域中量大面广的技术，在生产技术人员的培训和设备成本上仍具有很大的优势，所以不应忽视。对于迅速发展的新兴单元操作或分离纯化技术，它们在分离一些高技术产品、简化生产工艺方面具有很大的优势，但这些新技术中很多还处于实验室阶段，其应用的广度和技术稳定性还有待于进一步探索。除了正确对待新、老技术外，当前生物产品分离纯化技术发展的一个主要倾向是多种分离纯化技术和新、老技术的相互交叉、渗透与融合，形成所谓的融合技术，如膜分离与亲和配基相结合，形成了亲和膜分离技术；离心分离与膜分离过程相结合，形成了膜离心分离技术等。这类技术具有选择性好、分离效率高、步骤少、能耗低、生产水平高等优点，是今后的主要发展方向，近年来被研究得较多，并且有较大的实用价值。

2. 强化化学作用对分离纯化过程的影响

① 强化化学作用对体系分离能力的影响　一是选择适当的分离剂，增大分离因子，从而提高对某一组分的选择性；二是向分离体系投入附加组分，改变原来体系的化学位，从而增大分离因子，如在用乙醇水溶液浓缩制备无水乙醇时，加入盐溶液使醇对水的相对挥发度大大提高，甚至使恒沸点消失，可以在较小的回流比下进行乙醇的分离，从而节约能源。

② 强化化学作用对相界面传质速率的影响　利用一些相转移促进剂来增大相间的传质速率，如在渗透汽化分离乙醇时，若选用含有—COOH 的膜更有利于分离去水。

3. 注重上游生产技术的改进，简化分离纯化过程

① 利用固定化细胞技术构建新的酶反应器　在微生物细胞内酶的发酵生产和应用中，由于要进行细胞破碎和酶的分离纯化等操作，提取的酶往往活性和稳定性都大受影响。将微生物细胞固定化后，既避免了复杂的细胞破碎、提取和纯化过程，而且酶活性和稳定性也得到较大提高，更可以作为固体催化剂在多步酶促反应中应用并进行连续操作。固定化细胞技术目前已成功用于大量生产氨基酸、有机酸、抗生素、生化药物和甾体激素等发酵产品，虽然还有许多技术难题需要解决，但它必将成为今后生物产品生产的一个主要发展方向。

② 利用基因工程技术构建新的目标产物工程菌株　利用现代基因工程技术将目标产物所需的生物酶基因克隆到一些易培养的单细胞微生物中，构建成新的

生物物种，在保持产量提高的同时，还可大大缩短生产时间和简化分离纯化过程，这已成为今后生物技术发展的热点之一。

第三节 微生物发酵技术与化妆品原料

一、微生物发酵生产的化妆品添加剂

目前市场上利用发酵技术生产的化妆品有很多，这类生物发酵化妆品已经成为继天然植物提取化妆品后的又一大市场发展新方向。

与石油中提炼、合成的原料相比，来源于微生物发酵产物的化妆品原料具有高安全性和微生物分解性，用很少的能源就可以生产，是一种环保型的"可持续性原料"。这种原料还具有化学合成所无法完成的特殊结构，在功能上有其独到之处。1985 年日本资生堂利用生物发酵技术对链霉菌进行突变处理，筛选出了透明质酸高产菌株，通过发酵法大规模生产透明质酸。2012 年日本佳丽宝阐明了来源于裸藻发酵产物的高分子保湿剂和微生物界面活性剂 SFNa 的物理特性，并将其成功应用于各种护肤品中。发酵技术在化妆品功效原料开发中具有如下优势：①增加有效成分利用率；②降低中药原料的不良反应；③提高中草药废渣的利用率；④成分更加天然，具有更好的肤感。

1. 增加有效成分利用率

我们使用的化妆品天然活性原料以植物来源为主，其有效成分在利用上存在两大障碍：一是由于植物细胞具有结构致密的细胞壁，阻隔了位于细胞胞浆中的有效成分的释放；二是中药的有效成分的分子量一般比较大，不易突破皮肤屏障被人体吸收。而中药材通过微生物发酵处理，可以大大提高有效成分的利用率，这是由于微生物在代谢过程中会产生纤维素酶、果胶酶等多种胞外酶，它们可以分解植物细胞的细胞壁，使中药材细胞破裂，让有效成分得以暴露出来。此外，微生物代谢产生的各种酶能降低有效成分的分子量，同时去除多种大分子杂质，使其更好地被人体吸收利用。

2. 降低中药原料的不良反应

大部分中草药经发酵处理后其毒性都有不同程度的降低，这是由于微生物代谢产生的一些酶可将有毒物质分解或转化为毒性较低或无毒的物质，有些甚至还能提高药效，扩大了药材的应用范围。红参是一种常用的美白抗衰化妆品原料，但在应用中存在一定的皮肤致敏风险。Lee 等研究发现，发酵红参对酪氨酸酶活性和弹性蛋白酶活性的抑制比未发酵的红参更有效。在皮肤致敏试验中，发酵红

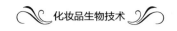

参的刺激致敏率明显低于未发酵红参。同时，高剂量（10%）的未发酵的红参显示出毒性，而发酵红参显示出较低的毒性。

3．提高中草药废渣的利用率

中药有效物质提取后，其废渣通常直接倒掉，不仅会造成环境污染，同时也是一种资源浪费。因为药渣一般仍富含蛋白质及其他碳水化合物，仍可作为微生物发酵所需的氮源、碳源等营养来源，甚至可经微生物发酵产生新的活性物质。王兵等利用白腐菌对中药渣进行固态发酵，发现中药渣纤维素质量分数降低，并且能显著提高蛋白质和氨基酸的质量分数。王建芳等以中药废渣为原料，用香菇对中药废渣进行发酵，并对发酵产物进行小鼠增重和免疫实验，研究结果表明：中药废渣经固体发酵后，其粗蛋白和多糖含量均有明显提高，并能促进小鼠生长发育，增强小鼠的免疫能力。

4．成分更加天然，具有更好的肤感

与传统的化学添加体系的护肤产品不同，目前已经出现了利用一些经过优选的菌株将植物原料直接发酵成产品的发酵方法，由于发酵所得到的发酵液本身就有很好的表面活性，并具有一定的黏稠度，所以无需过多的表面活性剂、增稠剂等成分的添加，发酵过程仅需要水和一些基础的营养物，产品的 pH 也可以通过控制发酵条件来达到目标要求。另外，一些厂商通过采用密闭无菌生产和一次性安瓿瓶等密封无菌包装，确保了发酵液的新鲜和无防腐剂的添加，相比于传统的化学添加体系的护肤品而言，其成分来源更加天然。与使用增稠剂和表面活性剂带来的黏腻感不同，发酵得到的产品的黏腻感主要来自一些小分子多糖，它们的结构中含有的大量亲水性羟基使其具有强吸水性、乳化性、高黏性和成膜性，因此具有更好的肤感。

二、化妆品用最新发酵工艺

现代发酵技术是在继承传统中草药发酵炮制方法的基础上，采用现代生物技术而形成的高科技生物发酵技术，在发酵类型上，可分为固体发酵、液体发酵、双向发酵、共培养、细胞循环发酵、同步糖化发酵等。

1．固体发酵

固体发酵源自古代的制曲工艺，指一类使用不溶性固体基质来培养微生物的工艺过程。固体发酵概念范围广泛，包括将不溶性固态物质悬浮在液体中的发酵方式（也称惰性载体吸附发酵、载体培养），也包括在几乎没有可流动水的湿固体材料上培养微生物的过程。固体发酵提取工艺简单，没有大量有机废液产生，同时具有节水、节能的独特优势，属于清洁生产技术，因而得到世界各国的重视。

研究表明，中草药经固体发酵后，具有增效、降毒和增加活性物质等功效。Bose 等对益生菌固体发酵的黄连和未发酵的黄连进行体外和体内抗脂多糖损伤研究发现，发酵后的黄连体外和体内抗炎症效果更好。Wen 等对栝楼、丹参、厚朴和甘草等 4 种中草药进行米曲霉固体发酵时发现，固体发酵可促进中草药中有效成分的释放，从而增强中草药的药效。虽然固体发酵效果优良，但其工艺存在一定的局限性，如机械化程度低、大规模生产难度大、发酵速度慢、产量有限，且生产过程多依据经验判断，缺乏科学的发酵终点与质量控制标准以及合理的产品后处理工艺。

2．液体发酵

液体发酵，又称为液体深层发酵，是在液体培养基中接入菌种，在适宜温度及 pH 条件下通过搅拌、通气等培养并获得微生物及代谢产物的一种发酵方式。液体发酵具有规模大、传质效率高、成本低、工程化程度高等优点，易于实现大规模工业化生产。随着微生物发酵工艺的成熟及各种分离技术和结构鉴定手段的发展，中草药液体发酵的控制变得准确，发酵效率及产率大为提高，发酵活性成分的分析更为便利。采用快速液相色谱-四极杆飞行时间质谱（RRLC-Q-TOF MS）法对鲜人参与仙人掌果配伍液体发酵过程中的人参皂苷进行定性和定量分析，在发酵液中共鉴别了 27 种人参皂苷。通过其总离子流图比较了发酵前后人参皂苷成分的差异，对发酵后含量明显增加的人参皂苷 Rh1、Rg2、F2、Rg3、Rh2、CK 进行定量分析，确定其含量分别为 6.3452mg/L、20.4522mg/L、6.2559mg/L、27.4528mg/L、55.3846mg/L、30.4729mg/L。现代分析手段的引入及成熟发酵工艺的应用使中草药的液体发酵成为一种可控的规模化制取有效中草药活性成分的生产方式。

3．双向发酵

所谓"双向发酵"是指采用具有一定活性成分的中药材或药渣作为药性基质来代替传统的营养型基质，并把经过优选的菌种加入其中进行微生物转化，它们构成的发酵组合称作药用菌质。其双向性体现为在药性基质提供真菌所需营养的同时，还受到真菌中酶的影响而改变自身的组织、成分，产生新的性味功能，这类似于我们生物学中的"共生"关系，如图 2-1 所示。双向发酵按照反应体系可分为液体发酵与固体发酵，两者的发酵特点见表 2-1。其中液体发酵得到的终产物比较便于直接添加到化妆品中，且更容易实现工业化生产，所以在化妆品原料制备中双向液体发酵的应用更为普遍。

4．共培养

共培养是培养 2 种或多种具有特定相互作用的细胞群以产生确定的产物。若 1 种细胞群不能单独生长，则需要其他细胞群体的存在来刺激其生长，所以要共

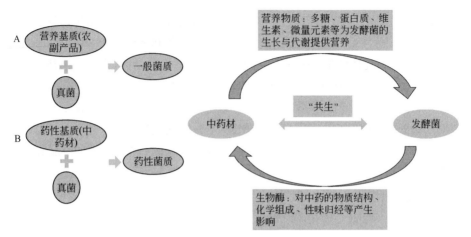

图 2-1　药用菌质结构示意图

表 2-1　双向液体发酵与双向固体发酵的对比

项目	双向液体发酵	双向固体发酵
反应体系	液态，封闭体系	固态，开放体系
发酵组合	中药提取物+基础培养液+真菌	中药材或中药药渣+真菌
发酵周期	较短	较长
终产物形式	发酵液+菌丝体	药性菌质复合体
优点	自动化程度较高、物质传递高、继承性好、人为可控性强、有效成分更容易富集、工业化生产较为容易，且发酵液可直接作为化妆品原料应用	发酵过程无需严格的无菌操作，无需对药材进行复杂的处理，可直接用原药材或药渣，甚至是一些药材加工过程中的边角料进行发酵
缺点	发酵过程容易感染杂菌，无菌生产成本较高，且药材需要经过复杂的工艺处理才能进行添加，需要消耗大量溶剂，并有较多的中药废料产生	机械化程度低，难以大规模生产，且工艺上多用经验指标，缺乏科学的发酵终点。此外，从得到的最终发酵产物到应用于化妆品中还有较远的距离

培养。有研究者采用短乳杆菌 ATCC367 和植物乳杆菌 ATCC21028 为共培养物，以两种生物质衍生的糖类为底物来生产乳酸。单独使用短乳杆菌为异型发酵菌株虽可同时消耗葡萄糖和木糖，但乳酸产量（0.52g/g）非常低。当短乳杆菌与植物乳杆菌共同培养时，产量（0.80g/g）显著增加，并且副产物积累较低。

5．细胞循环发酵

与传统的连续乳酸发酵工艺相比，具有细胞再循环的先进系统可在非常高的细胞密度下进行乳酸生产，从而提高生产率。再循环系统与搅拌釜反应器集成在一起并插入微滤膜组件（主要是中空纤维），能显著增强细胞的再循环。当生物反应器中生产完成时，将含有渗透物和细胞的生产培养基送至交叉流微滤模块，并将细胞返回生物反应器以继续乳酸生产，同时将渗透物收集在单独的储库中。细胞循环发酵系统应该与泵系统连接，以连续传输渗透物和细胞。但频繁的灭菌过程将产生额外成本。在较大规模的乳酸生产过程中，连续生产可能会导致泵送系统结垢而减少流量；此外，乳酸菌在转移过程中受到剪切应力，可能失去生物催化活性。因此，优化细胞循环发酵系统的设计至关重要，特别是在大规模生产的情况下。

6. 同步糖化发酵

糖化是多糖水解转化为可溶性糖的过程，糖化过程可以提高发酵过程的底物转化率。在常规发酵中，水解过程与发酵过程分开进行。最近的许多研究集中在同步糖化发酵的应用上。与传统工艺相比，糖化过程与发酵过程在同一反应器中进行，发酵过程可直接利用水解产生的葡萄糖，解除产物反馈抑制。有研究者用木质纤维素生物质作为底物，研究了 R.oryzae 同步糖化发酵制备乳酸。与同一底物水平上进行的其他研究相比，同步糖化发酵的乳酸生产率最高，为 $1g/(L \cdot h)$。刘冬梅等采用芽孢杆菌 BCS13002，以葡萄糖作为底物，进行同步糖化发酵和分批补料发酵，分批补料发酵得到的 L-乳酸含量为 115.86g/L，同步糖化发酵得到的 L-乳酸含量为 123.3g/L，且 L-乳酸的光学纯度均达到 99.8%以上。

三、前景与展望

我国拥有丰富的药用植物和真菌资源，目前已知的中药材近万种，药用真菌近 50 种，通过对国家食品药品监督管理局颁布的《已使用化妆品原料名称目录》（2021 年版）中的 8972 种原料进行筛查发现，化妆品中已使用的真菌的种类有 30 多种，见表 2-2。目录中菌类原料多达 134 种，大体可分为 3 类：菌类提取物、菌中的营养成分或内容物以及菌类的发酵产物。其中菌类提取物包含菌核粉和菌丝粉在内，共有 47 种；而菌中的营养成分和内容物则包括多糖类、氨基酸类、肽类以及一些酶，共计 14 种；从目录中也可以发现，目前化妆品中应用的菌类原料大多数还是以发酵产物为主，共计 73 种。不同的真菌与中药之间交叉可形成大量的发酵组合，并有可能产生一些新的活性物质，从而丰富了化妆品的原料选择。

然而，发酵技术在化妆品中的应用也存在着一些不足之处。一是对发酵过程中药材间相互作用机理的研究还比较欠缺，并且能够应用到中药材微生物发酵制品中的中药单方、复方也为数不多，还需将中医理论进一步与现代发酵技术结合。二是目前对发酵过程中微生物与中药材之间的作用还较多地停留在体外功效和活性物质的研究上，随着皮肤微生态研究领域的发展，还需要进一步考虑发酵产物对人体皮肤微生态的影响。三是目前生物发酵产品的生产周期较长，原料价格较高，并且对植物的来源、配套的生产设备和包装材料等也有比较高的要求，这都

导致了发酵类化妆品的成本高昂。

表2-2 《已使用化妆品原料名称目录》（2021年版）中的常用真菌

菌株	拉丁名	菌株	拉丁名
白僵菌	*Beauveria bassiana*	平地蘑菇	*Psalliota campestris*
白松露菌	*Tuber magnatum*	双孢蘑菇	*Agaricus bisporus*
拨拉氏蘑菇	*Agaricus blazeii*	松口蘑	*Tricholoma matsutake*
赤盖芝	*Ganoderma neo-japonicum*	松蕈	*Armillaria matsutake*
赤芝	*Ganoderma lucidum*	土茯苓	*Smilax glabra*
冬虫夏草	*Cordyceps sinensis*	夏块菌	*Tuber aestivum*
茯苓	*Poria cocos*	香菇	*Lentinus edodes*
茯神	*Poria cocus*	绣球菌	*Sparassis crispa*
黑孢块菌	*Tuber melanosporum*	蕈	*Albatrellus confluens*
黑灵芝	*Ganoderma atrum*	药用层孔菌	*Fomes officinalis*
红曲霉	*Monascus purpureus*	银耳	*Tremella fuciformis*
桦褐孔菌	*Inonotus obliquus*	蛹虫草	*Cordyceps militaris*
雷丸	*Omphalia lapidescens*	杂色栓菌	*Trametes versicolor*
裂蹄木层孔菌	*Phellinus linteus*	灵芝	*Ganoderma lucidum*
米赫毛霉	*Mucor miehei*	猪苓	*Polyporus umbellatus*
啤酒酵母菌	*Saccharomyces cerevisiae*	紫芝	*Ganoderma sinensis*

　　生物发酵技术经历了几十年的发展，已经逐步由食品、医药领域延伸到了化妆品领域。发酵化妆品因其显著的产品功效、良好的肤感、安全无毒、刺激性低，并且成分更加简单和天然，在美白、保湿、抗衰老等方面都有很好的应用前景。虽然发酵技术在应用中也存在着各种问题和局限，但随着相关理论和技术的不断深入和完善，现代生物发酵技术定将在化妆品中有更光明的应用前景。

第四节　植物细胞工程与化妆品原料

一、植物细胞工程技术的应用

　　经济的发展、社会的进步、人们生活水平的普遍提高使得追求较高品质生活的欲望愈来愈强。"天然""绿色""健康""环保"等名词已成为这个时代的主旋律，人们对各种天然染料、食品添加剂、药物等的需求不断增加。

　　这些天然产物绝大部分属于植物的次生代谢物，在植物体内一般含量较低，直接从植物中提取不但占用大片的耕地，而且还可能造成一些珍贵稀有植物的灭绝。植物细胞培养作为一种有效生产有重要价值的次生代谢物的技术，近年来受到广泛关注。为了更好地研究某些植物的代谢途径，缓解工业中次生代谢物的生产压力，植物细胞培养正在逐步替代这些植物的传统农业种植方式。植物细胞培养为避免整株植物的采伐、可控和可重复性地生产具有应用价值的次生代谢物提供了一种很好的选择。在一定的离体培养条件下，植物的某些代谢物积累量高于整株植物，这也表明了通过植物细胞培养代替整株生产特定植物次生代谢物具有广阔前景。与其他方法相比，应用植物细胞培养技术生产次生代谢产物具有以下优点：①能够减少各种环境因素对产物的影响，确保在一个限定的生产系统中连续、均匀生产；②可以在生物反应器中进行大规模培养，并通过控制环境条件提高代谢物产量；③所获得产物可从培养体系内直接提取，快速、高效地回收与利用，简化了分离与纯化步骤；④有利于细胞筛选、生物转化、合成新的有效成分；⑤有利于研究植物的代谢途径，还可以利用某些基因工程手段探索与创造新的合成路线，得到价值更高的产品；⑥节省大量用于种植原料的土地，以便土地资源得到高效利用。

我国是应用天然药物年代最为久远也最为广泛的国家，而天然药物中的绝大多数活性成分都是植物次生代谢物，通过细胞培养已经用于商业化生产的次生代谢物主要有小檗碱、紫杉醇、鬼臼毒素、迷迭香酸和莨菪碱等，具有很好的抗癌、抑菌消炎活性。除了药用外，许多次生代谢产物还是食品、化工和农业化学的重要原料，如用作杀虫剂、染料、调味品和香料等。植物不仅为人类的生存和发展提供必要的食物、纤维和各种工业原料，同时还通过次生代谢为药品、色素、香精、香料、调味品、化妆品、生物杀虫剂等提供有用天然成分。植物次生代谢是指生物体以某些初生代谢产物为原料，在一系列酶的催化下，形成一些特殊的化学物质的过程，这些特殊的化学物质即为次生代谢产物（secondary metabolites）。植物次生代谢产物一般可分为酚类化合物、萜类化合物、含氮有机碱三大类。许多植物次生代谢产物是植物生命活动所必需的，对植物自身在复杂环境中的生存和发展起着不可替代的作用。另外，植物次生代谢产物还具有药用价值、农用价值和食用价值等，如很多黄酮类成分可用于心血管疾病的治疗，花青素可作为食用色素，辣椒素可用作辛辣食品添加剂等。另有研究表明，某些次生代谢产物还是生物毒素的主要来源。因此，规模化生产有用次生代谢产物具有广阔的前景。

1. 细胞大量培养与有用次生代谢产物生产

细胞大量培养有用次生代谢产物是植物细胞工程另一个重要应用领域。通过细胞工程技术，刺激植物体内某些重要次生代谢产物（如某些名贵药物、香精、色素等）的合成和积累，然后进行分离、提纯，实现植物产品的工业化生产。早在 1964 年，我国就开始进行人参细胞培养。1980 年以后，我国研究者相继开展

了紫草、三七、红豆杉、青蒿、红景天和水母雪莲等植物的细胞大量培养和研究，并利用生物反应器进行药用植物细胞大量培养的小试和中试。其中，新疆紫草中试的规模达到 100L，并小批量生产了紫草素，用于研制化妆品及抗菌、抗病毒和抗肿瘤药物。红豆杉细胞大量培养在我国也获得初步成功，从细胞培养物中得到了珍贵的抗癌药物紫杉醇，但产率还有待提高。

植物的次生代谢产物是化妆品原料的重要来源，在美国 CTFA（美国化妆品盥洗用品和香精协会）化妆品原料手册和日本功能性化妆品原料手册中选用的植物提取物及代谢产物的数量都占有较大比例。紫草提取物在化妆品中用作收敛剂，1983 年日本三井石油化学公司采用两步法培养紫草细胞，成功实现工业化生产。1984 年该公司和钟纺公司利用紫草宁色素研制出了世界第一支生物口红。人参提取液是一种皮肤细胞活化剂，可以应用于系列化妆品的生产。日本电工公司自 20 世纪 80 年代末一直进行人参细胞大规模商业化生产。

2．微繁殖技术的应用

微繁殖技术，即以植物的器官、组织、细胞或原生质体为外植体，在离体培养条件下进行植株再生的技术。微繁殖技术既可用于克服高度杂合物种（如澳大利亚的番木瓜）因有性繁殖而引起的后代严重分离，也可用于果类作物的快速繁殖，如凤梨、草莓。通过微繁殖技术已获再生植株的树种主要有番木瓜、柑橘、龙眼、荔枝、苹果、梨、葡萄等，草莓、香蕉等已实现了商品化生产。通过茎尖培养或微嫁接技术可以脱去植物体内的病毒，获得无病毒苗木，如苹果、草莓等。另外，在组织培养（如愈伤组织培养、细胞悬浮培养、原生质体培养等）过程中，通过 pH 值、温度、离子浓度等条件的控制，可促进其变异，从中可筛选出优良的突变体，从而为新品种的选育开辟一条崭新的途径。愈伤组织、悬浮细胞、原生质体等是基因转化的良好受体材料，并且在离体培养条件下进行植株再生也是实现植物遗传转化的重要环节。

3．单倍体技术的应用

单倍体育种和相关研究在农业和园艺植物中得到了广泛的应用。单倍体有利于突变的检测和抗性细胞系的筛选，并且大大缩短了育种的时间。此外，单倍体在基因图谱、基因转移研究中具有重要作用。自然形成的单倍体是极少见的，并且仅限于几种植物。花药培养是单倍体形成的重要途径。自 1964 年第一例花药培养获得成功以来，花药培养技术已取得了显著的进展，尤其在水稻、小麦、玉米等作物中已获得巨大成功。现已取得成功的果树树种主要有番荔枝、番木瓜、柑橘（4 个品种）、龙眼、荔枝、苹果、梨、葡萄等。例如，Fowler 等、Nishi 等和 Rosati 等以八倍体草莓花药为材料诱导愈伤组织并分化出植株，发现其再生植株仍为八倍体，这些八倍体是由无性繁殖培育而来，还是由单倍体自发加倍而成则难以区分。除花药培养外，植物的卵细胞、助细胞、反足细胞等单倍体细胞通过离体培养可以分化成单倍体胚或愈伤组织。对胚珠、子房的培养也曾进行了大量尝试，但大多数情况下，在愈伤组织阶段便停止生长。

单倍体作为强大的育种工具需要可靠且具有成本效益的可用性组织培养实验程序，虽然在蔬菜育种上取得了重大进展，但在水果、观赏植物和药用植物方面的应用还比较欠缺，并且还没有一个适用于所有作物的通用实验程序。总之，单倍体技术旨在提高农业生产力和食品质量，特别是在发展中国家，有助于减少患有隐性饥饿和疾病的人。

4. 胚培养

胚的离体培养是最早的直接应用于植物改良的组织培养技术。胚培养可以克服杂交后胚的衰亡，保证种内或种间杂交的成功，或用于无性繁殖困难的植物的培养。胚培养还可以克服种子的休眠和败育。Magdalita 等和 Drew 等分别进行了番木瓜的种内杂交，得到合适的胚子后，进行了胚培养，以促进杂交成功。Jordan 得到了愈伤组织，但未得到再生植株。澳大利亚国际农业技术研究中心对番木瓜和其野生种的杂交胚进行了培养研究，已获成功，并得到了杂交后代。野生种的抗性、高含糖量等优良性状得到了遗传。荔枝是较难进行离体培养的果树树种之一，Kantharajah 等培养了长度为 3mm 的荔枝幼胚。其他通过未成熟胚培养进行再生的树种有鳄梨、番荔枝等。

5. 原生质体培养与体细胞杂交

原生质体是去掉细胞壁的单细胞，它是在离体培养条件下能够再生完整植株的最小单位。每个原生质体都含有该个体的全部遗传信息，在适宜的培养条件下，具有再生成与其亲本相似的个体的全能性。原生质体培养的主要目的是通过原生质体的融合，克服远缘杂交障碍，实现体细胞杂交，从而产生杂交后代。在原生质体培养过程中，往往产生大量的变异，可从中选择优良突变体。Nyman 等首先报道了草莓栽培品种（Sengana 和 Canaga）试管苗叶肉原生质体培养及植株再生。1992 年，他们又获得了草莓试管苗幼叶和叶柄原生质体的再生植株。Infante 等以野草莓用 Alpine 营养系试管苗的叶片和叶柄为材料分离原生质体，并获得了再生植株。愈伤组织和悬浮细胞是制备原生质体的重要材料，但在落叶果树上，只有少数树种利用愈伤组织或悬浮细胞分离原生质体并获得培养的成功，其中最成功的树种当属猕猴桃。蔡起贵等通过愈伤组织分离出中华猕猴桃的原生质体，并获得了再生植株。林定波等以胚性愈伤组织为材料，分离得到锦橙的原生质体，并获得了再生植株。易干军等也以胚性愈伤组织为材料，分离得到柑橘（红江橘）的原生质体，并获得再生植株。但以叶肉为材料分离得到的原生质体未获得成功。丁爱萍等曾对苹果进行了原生质体培养和植株再生研究，以胚性愈伤组织建立的

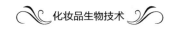

悬浮细胞系为材料，分离得到原生质体，并获得了再生植株。目前有两种较为常见的细胞融合方法：高 pH/Ca^{2+}法和电激融合法。第一例体细胞杂交是通过西红柿和马铃薯的原生质体融合实现的。原生质体融合技术在柑橘种间杂交中得到大量应用。Ohgawary 将甜橙的原生质体与飞龙的原生质体融合，得到了体细胞杂种植株。美国学者 Grosser 将甜橙的悬浮培养细胞的原生质体与蚝壳刺属的 *Severinia disticha* 愈伤组织的原生质体融合，得到了属间异源四倍体的体细胞杂种植株。*S.disticha* 具有抗病、耐寒、耐盐等优良性状，适合作柑橘的砧木。

6．转化

分子生物学的飞速发展促进了植物科学的一场新革命。经过多年的探索，人们从分子水平对生物学和遗传学有了深刻的认识。与组织培养技术相结合的分子生物学技术已经开始应用于植物基因组的修饰和改变。由于基因编码的同一性，任何有机体内（如病毒、菌类、昆虫）的有用基因都可以转入到植物体内。基因（如抗虫或抗病基因）的导入导致了新基因型的出现或实现基因型的改良，可选育出抗虫或抗病的基因型。目前已经分离或应用的目的基因主要有抗植物病虫害基因、抗非生物胁迫、改良作物产量和品质的基因、改变植物其他性状的基因等。外源基因导入植物细胞的方法有多种，如农杆菌质粒介导法（包括 Ti 质粒的 Ri 质粒）、植物病毒载体介导法、DNA 直接导入法（包括 PEG 介导、脂质体介导等化学诱导 DNA 直接转化法，电激法、超声波法、显微注射法、激光微束法、基因枪法等物理诱导 DNA 直接转化法等）和种质系统介导基因转化法（包括花粉管导入法，生殖细胞浸泡法，囊胚、子房注射法等）。目前最常用且最为有效的方法为根癌农杆菌介导法和基因枪法。自 1983 年首次用农杆菌介导法在烟草和马铃薯上取得成功以来，约有 120 种植物采用此方法进行转化。农杆菌介导法对双子叶植物十分有效，且在单子叶植物中也已开始应用。基因枪法既可以愈伤组织为受体，又可以悬浮细胞为受体，并且对单、双子叶植物都十分有效。

二、前景与展望

细胞工程已经渗透到人类生活的许多领域，取得了许多具有开发价值的研究成果，有的在生产中推广，取得了明显的经济和社会效益。随着细胞工程技术研究的不断深入，其前景和产生的影响将会日益显示出来。

动物细胞培养工程发展的总方向是：大型化、自动化、精巧化、低成本、高细胞密度、高目的产品产量。具体地说，就是：

① 开发能高密度生长、能分泌大量目标产品的细胞系。这些细胞系应具有放大的目的基因或能够选择性标记，从而可以保持对特定产物的表达。

② 开发细胞生长性能优良、解离细胞容易，并能重复使用的新型廉价微载体。

③ 研制更大规模的高无菌条件的生物反应器和剪切力小、混合性能良好的新型搅拌系统。

④ 将其他领域（诸如自动控制、传感器）的高精尖技术移植于细胞培养工程领域，以提高大规模培养的自动化、精巧化水平，并能更经济地设计流加或灌注培养过程。

⑤ 由于控制某些生长因子的基因在导入哺乳动物细胞后，其表达产物有可能使细胞脱离血清生长，这一途径对今后的哺乳动物细胞基因工程有很大吸引力，将推动无血清培养基的开发进入一个崭新阶段。

植物细胞工程技术是现代生物技术中发展比较成熟的技术，是植物改良的有效途径和方法。随着现代农业的不断拓展，植物细胞工程技术应不断开拓新的应用领域，如推动植物细胞工程技术与空间技术的结合，发展空间细胞融合技术，加强海洋生物技术的应用，利用植物细胞工程技术培育海藻新品种，生产海洋来源的植物功能产品，开拓植物细胞工程在环境保护中的应用等。

细胞工程作为科学研究的一种手段，已经渗入到生物工程的各个方面，成为必不可少的配套技术。在农林、园艺、医学和化妆品等领域中[1]，细胞工程正在为人类做出巨大的贡献。

第五节　酶工程与化妆品原料

酶是活细胞产生的一种具有特殊功能的蛋白质，是一种高效生物催化剂。酶的催化效率要比化学催化效率高十万到一千万倍。酶是生物化学反应的催化剂，生物的各种生理现象几乎都与酶的作用分不开，是生命活动的推动机。所以，酶在有机体内是十分重要的。它在生物体内主要表现为以下五种功能：

① 执行具体的生理活动；

② 参与外来物质的转化；

③ 在解毒过程中起保卫作用；

④ 协同激素发挥效应；

⑤ 催化代谢反应。

酶是一种特殊的催化剂，与其他有机和无机催化剂相比，酶有以下特点：

① 酶催化时所需的活化能较低，催化效率高。

② 具有高度专一性。一般情况下，一种酶只能作用于一种或一类物质。

③ 作用条件温和。酶可在常温常压及温和的酸碱条件下进行催化。

④ 酶反应易控制。可通过调节 pH 值、温度或添加抑制剂等方法控制酶的反应。

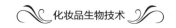

⑤ 来源广泛。酶主要是由生物体产生的。有生物的地方，就存在酶。

酶有许多种分类方法，根据酶所催化反应的性质将酶分为六大类，见表 2-3。据国际酶学委员会统计，目前已发现 2728 种酶，其中被提纯并结晶的有 200 多种，作为商品生产的有 120 多种，应用到工业中的就有 60 多种。

表 2-3　酶的分类

类别	举例
氧化还原酶	过氧化氢酶、琥珀酸脱氢酶、细胞色素氧化酶
转移酶	转甲基酶、转氨酶、己糖激酶、磷酸化酶
水解酶	淀粉酶、胃蛋白酶、脂肪酶
裂解酶	碳酸酐酶、醛酸酶
异构酶	磷酸葡萄糖异构酶、消旋酶
合成酶	谷氨酰胺合成酶、谷胱甘肽合成酶

一、化妆品中的酶

酶在化妆品中有着广泛的应用，随着化妆品工业的飞速发展，酶的用途也将越来越广泛。酶可以在化妆品工业中当作防腐剂、保湿剂、美白剂等功能性添加剂来使用。下面就以几种具体的酶来加以阐述。

1. 超氧化物歧化酶

超氧化物歧化酶（superoxide dismutase，SOD），是体内对抗自由基的第一道防线。当人体吸入氧气进行新陈代谢时就会产生超氧阴离子自由基，若不予以消除，则会在体内产生连锁反应，破坏人体细胞。现代医学证明，超氧阴离子自由基是导致人类多种疾病和衰老的重要因素。SOD 是氧自由基的天然克星。含有超氧化物歧化酶的化妆品具有防晒、抗辐射、美白、防皱、消炎和延缓衰老的功效，使皮肤更细嫩，特别适合长期在计算机前或烈日下工作的各类人员使用，能有效防止紫外线对皮肤的损伤，抑制黑色素、老年斑、面部粉刺和痤疮的形成。SOD 在体内的作用即消除超氧阴离子，使之变成对人体无害的水及氧气。人体自身可以制造 SOD，以维持身体的健康，但体内的 SOD 会随着年龄的增长、疾病和环境污染的加剧而逐渐减少，导致皮肤色素沉着，变得粗糙、松弛，加速皮肤衰老。因此，必须补充 SOD，以增强肌肤弹性，延缓肌肤衰老。其中比较有代表性的产品有大宝的 SOD 蜜。

2. 溶菌酶

近年来，溶菌酶的应用越来越广泛，已成为国内外市场上的紧俏生化产品，广泛应用于食品、化妆品、医疗等行业中。溶菌酶，又称胞壁质酶，是由 129 个氨基酸构成的碱性蛋白质，化学性质非常稳定，该酶对革兰氏阳性菌中的耐辐射微球菌有强力分解作用。溶菌酶在自然界中的分布较广，目前从牛、羊、马等的乳汁中可分离出溶菌酶，从木瓜、大麦、无花果、卷心菜等植物中也可分离出溶菌酶。溶菌酶发挥溶菌作用的最佳 pH 值在 8.0 左右，其最佳反应温度和起溶菌作用的温度是一致的，都要求在 50℃ 范围内。溶菌酶在 pH 1.2～11.3 的广泛范围内活性没有发生任何变化，因此，溶菌酶对酸碱度的变化不敏感。在碱性范围时，其稳定性较差。溶菌酶的热变性是可逆的，其变性温度一般不高于 70℃。综上，溶菌酶是很稳定的。

溶菌酶有自己的作用范围，即溶菌谱。不同来源的溶菌酶，其溶菌谱各不相同。鸡蛋清溶菌酶只对革兰氏阳性菌有溶菌作用。在溶菌酶中，人体中的溶菌酶活性最高，其次是鸡蛋白中的溶菌酶，活性最低的是牛乳中的溶菌酶。溶菌酶作为防腐剂，其本身是一种天然蛋白质，没有毒性。同时，溶菌酶仅能作用于目的微生物的细胞壁，不能作用于其他物质。其环保效果优于现在所使用的化学防腐剂。溶菌酶用在化妆品中可以有强化皮肤抗菌力、抑制细菌繁殖、消炎退肿的作用，能催化各种微生物细胞分解，对致病菌起破坏作用，尤其是对暗疮杆菌有强大的杀灭作用，使化脓性暗疮的创伤组织得以修复和再生，以防暗疮印的形成。此外，溶菌酶能调节体内激素平衡，降低雄性激素对皮脂腺的刺激，减少油脂的分泌，避免暗疮再次发生，用于暗疮皮肤有标本兼治的效果。

3. 辅酶 Q10

辅酶 Q10 是一种类维生素物质，是存在于人类细胞中的淡黄色微小颗粒，它可以提供细胞自我更替的能量，是能量代谢中的必需成分。辅酶 Q10 可以通过以下两种途径获得：

① 食物：坚果、大豆中都含有较多的辅酶 Q10，每克大豆油平均含 89.65 μg 辅酶 Q10。

② 人体自身合成：以酪氨酸为原料，8 种维生素为添加剂，通过多步生物化学过程合成。

辅酶 Q10 具有提高人体活力及有效防止肌肤老化的作用。它能改善 UVA 间接引起的皮肤角质化，防止 DNA 氧化损伤，是一种"动能营养"，对皮肤有很强的营养和保护作用。同时，它还可以抑制体内自由基的形成及细胞脂质的过氧化反应，效果比维生素 E 和维生素 B_2 更明显，可以加速细胞的分裂和更新，激发细胞活性，促进细胞摄取营养，令肌肤充满活力。而随着年龄的增长，人体内的辅酶 Q10 却逐渐失去，肌肤也因此而逐渐失去弹性，紧致度降低。为了补充人体内辅酶 Q10 的含量，可采用口服及外部肌肤涂抹两种方式，使细胞恢复活力，减少皱纹，令肌肤紧致、恢复弹力。

4．其他酶

此外，还有许多种酶在化妆品行业中也有应用。例如核糖核酸小体能催化蛋白质合成、提高皮肤再生能力；胶原酶、透明质酸酶能抑制皮肤老化、参与角质层新陈代谢、美白皮肤；D 型组织蛋白酶、糖苷酶能防治灼伤，防止黑色斑形成且可起保湿作用，达到抗皱和防治粉刺的目的；胰酶具有去污、除菌、滋润、养颜等功效，在制造肥皂和洗涤剂中有着广泛应用。在含蛋白质和油脂的美容、护肤化妆品中添加木瓜蛋白酶，可起到清洁保健皮肤、促进血液循环、增白嫩肤和改善肌肤的功效；修饰超氧化物歧化酶水溶液适用于美容霜、防晒霜、日霜、化妆水等化妆品，具有抗衰老、抗辐射、祛斑、退粉刺、抗皱等作用；高海藻歧化酶（superphycoD，简称 SPD）是提取自深海生物的细胞因子经一系列化合反应而获得的精华成分，更具深透性，能令肌肤完全吸收，适合各种肤质，可有效防止皮肤衰老，平衡肌肤的酸碱值，排解肌肤毒素及去除死皮细胞，修复受损肤质，淡化色素，激发细胞活力，真正达到肌肤还原再生、光滑润泽的动人效果。随着现代科学技术的进一步发展，酶这种蛋白质在化妆品工业中还将有更广泛的应用。

二、化妆品用酶的最新生产工艺

1．分子修饰酶技术

分子酶工程学就是采用基因工程和蛋白质工程的方法和技术，研究酶基因的克隆和表达、酶蛋白的结构与功能的关系以及对酶进行再设计和定向加工，以发展更优良的新酶或发现酶的新功能。

（1）酶分子的定向改造和进化

分子酶工程设计可以采用定点突变和体外分子定向进化两种方式对天然酶分子进行改造。体外分子定向进化是近几年新兴的一种蛋白质改造策略，可以在尚不知道蛋白质的空间结构或者根据现有的蛋白质结构知识尚不能进行有效的定点突变时，借鉴实验室手段在体外模拟自然进化的过程（随机突变、重组和选择），使基因发生大量变异，并定向选择出所需性质或功能，从而使几百万年的自然进化过程在短期内得以实现。目前采用体外分子定向进化的方法来改造酶蛋白的研究越来越多，并已在短短几年内取得了令人瞩目的成就，易错 PCR 和 DNA 改组就是其中两种方法。

（2）融合蛋白与融合酶

蛋白质的结构常常可以允许某个结构域的插入与融合。DNA 重组技术的发展与应用使不同基因或基因片段的融合可以方便地进行，融合蛋白经合适的表达系统表达后，即可获得由不同功能蛋白质拼合在一起而形成的新型多功能蛋白质。目前，融合蛋白技术已被广泛应用于多功能工程酶的构建与研究中，并已显现出较高的理论及应用价值。随着基因组、后基因组时代的到来和重组酶生产技术的开发，必将会有大量的、新的酶蛋白被人类发现。

（3）酶的人工模拟

模拟酶是根据酶作用原理，用人工方法合成的具有活性中心和催化作用的非蛋白质结构的化合物。它们一般都具高效和高适应性的特点，在结构上比天然酶简单；由于不含氨基酸，其热稳定性与 pH 稳定性都大大优于天然酶。目前用于构建模拟酶的模型有环糊精、冠醚、卟啉抗体酶和分子印迹等。

2．固定化酶技术

固定化酶（immobilized enzyme）是能够固定在载体上并在一定的空间范围内可以进行催化反应的酶。酶催化反应大多在水溶液中进行，而固定化酶是用物理或化学方法来处理水溶性酶，让其不溶于水，但仍有酶活性。与水溶性酶相比，固定化酶具有许多优点，例如：与反应系统易于分离，简化了纯化过程；可重复使用，降低成本；催化反应更容易控制；在多酶系统的协同作用下，可以大大提高酶催化反应的速度；具有减少污染的生态效应。

制备固定化酶的方法有很多种，不同的酶对应的载体各不相同，因此应该采用不同的方法。有的酶需要结合多种方法来制备。

（1）吸附法

物理吸附法主要原理是利用各种固体吸附剂将酶或含酶菌体吸附在其表面上从而使酶固定化。吸附剂主要有活性炭、氧化铝、硅藻土、多孔陶瓷等有强吸水能力的非水溶性吸附材料。离子吸附法主要是利用含有离子交换基团的不溶性物质来吸附，常用的载体有阴离子和阳离子交换剂。吸附法工艺比较简单，条件比较温和；酶的催化活性损失少，酶的构象很少或基本不变。采用吸附法，可利用的载体多、价格较低；制备的酶分子水平高，不易断裂，酶回收率高；载体可以回收再利用。因此，吸附法是所有方法中最具吸引力的。朱祥瑞对固定化酶的酶学性质的研究表明，碱性丝素和丝素粉能很好地固定 α-淀粉酶，其最佳温度高于游离酶；固定化酶的操作半衰期长，储存稳定性较高，对蛋白质变性剂的抵抗能力较强。

（2）包埋法

分为凝胶包埋法和半透膜包埋法（也称微胶囊包埋法）。凝胶包埋法采用天然凝胶和合成凝胶。包埋法是目前细胞固定化研究和应用最普遍的方法。在海藻酸钠固定青霉产菊粉酶的活性研究中，确定了在固定化酶活性最高且机械强度良好的条件下海藻酸钠和氯化钙的浓度。加酶量越少，固定化效率越高。以海藻酸钠为包埋剂，采用固定化的色氨酸合成酶基因工程菌合成了 L-色氨酸，将戊二醛作为交联剂、氯化钙作为色氨酸合成酶基因工程菌的填充固定，探究菌体负载量和

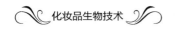

物种对固定化菌的影响。实验确定了用包埋法固定化色氨酸合成酶基因工程菌制备的最优条件。

（3）交联法

采用双官能试剂将酶分子连接起来使酶固定化的方法叫交联法。常用的交联剂有戊二醛、己二胺、鞣酸、顺丁烯二酸酐和双偶氮苯等。交联法的适用范围很广，既适用于固定化酶，又适用于固定化菌体。以壳聚糖、卵磷脂为材料，通过交联法制备的壳聚糖/卵磷脂复合微球呈完整的圆球形或椭球形，说明固定化酶有很好的操作稳定性。交联反应比较强烈，固定化酶的活性回收率普遍较低。降低交联剂的浓度、缩短反应时间可提高酶活性的保留率，但交联剂的价格昂贵，所以单独使用这种方法的较少。通常采用双重固定法，将交联法作为辅助方法。王静等采用离子吸附法和交联法，研究固定化酶连续生产低乳糖牛乳的条件和使用稳定性，得到了生产低乳糖牛乳的温度和流量的最佳条件。

（4）结合法

结合法分为离子键结合法和共价键结合法。共价键结合法是在载体上引入一个活泼的基团，然后使反应基团和酶分子在一组反应中形成共价键。共价键结合法受载体的稳定性和亲水性、离子强度、温度、pH等因素影响，某一因素变动即会导致固定化酶性质发生巨变。这种方法的优点是酶结合牢固，但成本相对较高。共价键结合法是固定化酶研究中最为深入而且运用比较广泛的方法。

（5）热处理法

热处理法是一种用于菌体固定化的方法，比较简便。菌体本身不仅是酶供体，也是载体。热处理会使酶受热变性，从而导致酶失活，因此只能应用于热稳定性比较好的目标酶，并且必须严格控制热处理强度（加热温度和时间）。热处理法也可以与其他方法结合使用。

3．非水相酶催化技术

生物催化以酶作为催化剂的反应为主，而长期以来人们一直错误地认为酶反应只能在水溶液中发生。研究表明，有机溶剂中的酶和水溶液中的酶一样具有高度的底物选择性。此外，还有以下一些特点：①绝大多数有机化合物在非水系统内的溶解度很高；②根据热力学原理，一些在水中不能进行的反应，有可能在非水系统内进行；③有机溶剂可促使热力学平衡向合成方向移动；④在有机溶剂中，所有有水参与的副反应将受到抑制；⑤在有机溶剂中酶的热稳定性显著提高，可通过提高温度加速催化反应进行；⑥从非水系统中回收反应产物比水中容易。

目前，有机溶剂中酶催化的上述优势使得非水酶学研究成为生物化学、有机化学、生物工程等多学科交叉的研究热点。

近年来，在非水相生物催化研究方面已形成一些新的科学问题和新的研究方向，主要集中在酶的改造和新反应体系的探索中。一方面，耐溶剂酶的筛选和构建利用蛋白质工程（如定点突变）或定向分子进化的方法改造酶的分子结构，用高通量筛选方法筛选出性能比天然酶更为优异的突变体；同时通过对酶外界环境的微调，促使酶的空间构象向更优异的方向改变。英属哥伦比亚大学的 Yang 和 Withers 利用荧光激活细胞分选技术对酶进行定向选择。该技术具有高灵敏度，每天可筛选 108 个酶突变体，最终可以显著改善酶的活性、改变其底物特异性、甚至呈现新的功能。而高通量检测方法的开发也更加完善，Pohn 和 Gerlach 等结合光学传感器和自动图像分析技术分析高密度微细胞集落阵列，并通过酯酶的筛选证明此模型在 10%～20%活性差异范围内可以提供可靠的酶活性测量。此外，固定化技术可以有效地保护酶在非水相溶剂中的稳定性和催化活性，研究者们也在传统固定化材料的基础上不断研究开发出一些新的固定化介质，比如：介孔 SiO_2、新型纳米固定化基质、聚乙烯醇水凝胶以及交联酶聚集物（CLEAs）等。这些技术都可以显著地增加酶在非水溶剂中的催化活性、溶剂耐受性及热稳定性。另一方面是具有强化酶催化性能作用的生物相容性介质系统的选择及过程优化。此方法主要是通过选用不同物理化学性质和结构类型的反应介质来改变酶与反应底物相互作用的微环境以实现对酶性能的强化及定向调控。除了上述的超临界流体、离子液体和反胶束等新发展的反应体系外，还有以纯底物作为溶剂的无溶剂系统等，如 Dejan 等使用 Candidarugosa 脂肪酶在无溶剂系统中催化丁酸和异戊醇直接酯化合成丁酸异戊酯，最终产物的转化率在 95%以上。此外，一些绿色介质系统如液-液萃取介质、以聚合物为介质的双水相系统、以非离子表面活性剂为介质的浊点系统等也成为新近研究的方向。

三、前景与展望

随着酶工程的发展，目前已知的酶已不能满足人们的需要，研究和开发新酶已成为酶工程发展的前沿课题。新酶的研究与开发，除采用常用技术外，还可借助基因组学和蛋白质组学的最新知识，借助 DNA 重排和细胞、噬菌体表面展示技术。目前最受人瞩目的新酶有核酸类酶、抗体酶和端粒酶等。酶在医药、食品、轻工、化工和环保等领域应用广泛。充分发挥酶的催化功能、扩大酶的应用范围、提高酶的应用效率是酶工程应用研究的主要目标。要实现酶的高效应用，除了掌握酶反应动力学特性这一前提条件以外，还必须采用新的分子修饰、固定化和非水相催化等技术。

第三章 化妆品材料与生物技术

03 Chapter

第一节 生物技术对化妆品材料的影响

生物技术和纳米技术是二十一世纪的关键技术，具有巨大的创新和增长潜力。生物纳米技术的学术和工业目标是开发用于在细胞和分子水平上研究细胞生物学的纳米级生物分子物质。纳米技术的发展将为美容皮肤病学提供机会，以开发新的具有生物相容性和可生物降解的疗法、递送系统和更多活性化合物。化妆品的主要功能是保持良好的外观，同时保持皮肤的良好状态。纳米科学可以帮助其找到更多创新和有效的化妆品。

一、生物纳米技术

纳米技术是一门相对"年轻"的学科。今天，纳米技术不仅对于以营销为导向的化学公司必不可少，而且还是化妆品领域科学解决抗衰老问题的工具。纳米技术被定义为在原子或分子尺度上对物质的研究。纳米生物技术是纳米技术和生物技术之间的接口，是处理其生物和生化应用或用途的纳米技术的一个分支。在化妆品领域，利用纳米技术可以降低化妆品中功能性成分的粒径，使各种纳米级的化妆品功能性成分颗粒能够顺利渗透到皮肤深层，通过表层达到最大程度的护肤效果。纳米原料也应用于化妆品防晒霜，其最大的优点是它们是无机惰性原料，使用起来非常安全。而有机防晒剂的刺激性更强，它们会对皮肤产生毒副作用。此外，纳米技术在乳化化妆品和药妆品里有非常重要的意义。

纳米技术在生物学中的应用主要包括两个方面：一是利用新兴纳米技术解决生物问题；二是利用生物大分子制造分子器件，模仿制造大量存在于同类生物系统中的生物大分子。具体应用包括：①在纳米尺度上根据预定的对称性和排列制备生物活性蛋白、核糖核酸等；将生物材料植入纳米材料和装置中，使其兼具生物功能和其他功能。如仿生化学品和可生物降解材料。②动植物的遗传改良和处理。③用于 DNA 测定的基因芯片。同时，纳米技术将在许多方面直接促进农业的进步。例如，基于分子工程的可生物降解化学品可用于为植物提供营养并保护植物免受害虫侵害；改善动植物基因；用于 DNA 检测的纳米阵列技术等。

在药剂学中，控释药（CRDDS）是通过物理、化学等方法来改变制剂结构，使药物在预定时间内自动按某一速度从剂型中恒速释放于作用器官或特定靶组织，并使药物浓度较长时间维持在有效浓度内的一类制剂。CRDDS 的一个重要方向是将药物粉末或溶液包埋在直径为微米级的微粒中，使粒径进一步减小，成为纳米级的微粒。尺寸小于 10nm 的超细微粒可以在血管中自由移动，因此可以注入各种对机体无害的纳米粒子到人体的各部位，检查病变和进行治疗。将纳米颗粒压成薄片制成过滤器，其过滤孔径为纳米量级，在医疗工业中可用于血清消毒。（引起人体发病的病毒尺寸一般为几十纳米。）

纳米材料具有优异的吸附能力，可用作微生物吸附和选择性分离的功能材料。此外，纳米金属粉末还是制备动物生长素药物的添加剂。有机物的超细微粒可以由疏水性变为亲水性，如利用氟碳化合物的超细微粒与水形成乳白液用作人造血；纳米金溶胶用于妊娠试剂。

由纳米技术在生物学上的应用而产生的纳米生物学是研究在纳米尺度上的生物过程（包括修复、复制和调控机理）并根据生物学原理发展分子应用工程（包括纳米信息处理系统和纳米机器人）的原理。纳米生物材料亦可应用于制造各类组织（如血管、气管、输尿管、韧带与肌腱）的支架、组织工程用支架材料、内固定件、骨组织缺损修复材料。利用极细微的纳米传感器则有可能在不干扰细胞正常生理过程的状况下，获取活细胞内的各种生化反应和化学信息及电化学信息，从而了解机体的状态，深化对生理或病理过程的理解。

纳米机器人是由几百个原子和分子组成的颗粒，尺寸只有几十纳米，表面活性很大，可进入血管中进行人体器官修复工作，如修复损坏的器官和组织、做整容手术、进行基因装配工作（从基因中除去有害的 DNA 或把正常的 DNA 安装在基因中，使机体正常运行或使引起癌症的 DNA 突变发生逆转而延长人的寿命甚

至使人返老还童）。纳米机器人能通过修复大脑和其他脏器的冻伤而使低温贮藏的人复活。纳米技术运用于生物领域，将迅速改变农业和医学的面貌，使人们的生活方式发生变化。正如有些科学家指出的："纳米技术与计算机和基因生物学的结合将成为 21 世纪不可估量的生产推动力。"

新型纳米运载体系在防晒化妆品的活性物质传输技术中十分关键，不同的运载体系直接影响着防晒剂的性能。新型纳米运载体系主要包括脂质体、固体脂质纳米粒、纳米乳液、有机微球、聚合物纳米粒、磁性纳米载体等。将这些纳米运载体系应用于化妆品中可以起到提高活性组分的稳定性、促进渗透、降低刺激性等作用。

近年来，纳米药物化妆品得到了迅速发展。"纳米中药"是指运用纳米技术制造粒径小于 100nm 的中药有效成分、有效部位、原药及其复方制剂，形成独具特色的纳米中药。"纳米中药"不仅可以提高药物的生物利用率，有效降低中药的毒副作用，增强临床疗效，而且更方便、更经济。例如，可将不易被人体吸收的药物或食品做成纳米粉或悬浮液，使其更容易被吸收。有些纳米药物做成的药膏也可直接通过皮肤吸收而无需注射。例如，灵芝经纳米化后添加到化妆品中，其杀灭肿瘤或细菌的成分就可以被皮肤吸收，达到预防和治疗皮肤癌等皮肤病的目的。

中国受到国际先进技术的影响，努力与国际接轨，加之国内纳米技术的高速发展以及近年来申请人的知识产权意识逐渐加强，这些共同推动了纳米技术在国内的快速发展。

二、载体技术

随着科学技术的发展与学科交叉融合，为了解决传统化妆品中存在的稳定性等问题以及满足消费者对化妆品功效的需求，载体技术应运而生。

载体技术是一种改变功效成分进入人体的方式、控制其释放速度或将其输送到靶向器官（特定位置）的技术手段，相比于传统的增渗技术，载体技术的主要优点有：稳定性好，避免光、热、氧气对活性成分的影响，延长产品的货架寿命；安全性高，与增渗剂通过改变皮肤通透性的机理不同，载体技术不具有皮肤刺激性；相容性好，油性活性成分可加入水系统，亲水性成分可通过皮肤吸收。此外，载体技术可有效解决产品配方所受到的限制，还能改善配方肤感黏腻、易褪色、气味大的问题。

在开发功效型化妆品时，通常会加入不同活性物作为主要功效成分，以预防或改善皮肤问题。理想的活性物应具有很好的稳定性、安全性以及一定的皮肤渗透性，以保证使用时的活性和功效的发挥。但许多高效活性成分存在自身结构不稳定、对皮肤有刺激性或皮肤吸收性不佳等问题，在化妆品配方应用中受到限制。

所以一些医药领域的载体体系、药物制剂和包裹缓释技术等被逐渐应用于化妆品领域。目前具有开发潜力的新型化妆品载体组分和载体体系包括微海绵、葡糖微球、环糊精、液晶体系、超分子凝胶、聚合物胶束和化妆品贴剂等。

1. 环糊精包合物

环糊精包合物又称分子胶囊，是指具有空间结构的主分子全部或部分包裹另一个分子。环糊精（cyclodextrin，CD）一般含 6～12 个 D-吡喃葡萄糖单元，常见的 α、β、γ-CD 分别是 6、7、8 个 D-吡喃型葡萄糖通过 1,4-糖苷键连接组成的环状低聚物，其分子呈锥形的圆筒几何体环状结构，该结构具有"外亲水，内疏水"的特殊性，可与多种客体包结，采用适当方法制备的包合物能使客体的溶解性、稳定性、生物利用度、刺激性等某一方面的性质得到改善。近年来，针对天然环糊精存在的空腔内径小、吸湿性较大等弱点，研究者通过结构修饰得到了能够负载更多客体分子，满足各种包覆需求的环糊精衍生物，产量也大大提高。环糊精衍生物有亲水性与疏水性两种，亲水性的环糊精衍生物包合难溶性成分，能够增大溶解度，促进吸收，而疏水性环糊精衍生物常用作水溶性成分的包合材料，以降低水溶性成分的溶解度，从而达到缓释效果。

2. 脂质体

脂质体是单层或多层脂质双分子膜以同心圆的形式包封而成，类似于细胞膜的微球体。传统脂质体主要由磷脂和胆固醇组成。当两亲性分子（如磷脂）分散在水中时，亲水的头部朝外，疏水的尾部朝内分别形成膜的内外表面层和膜的中间层。这种特殊结构使得脂质体既能包裹脂溶性成分也可包裹水溶性成分。胆固醇也是两亲性物质，常与磷脂混合使用，能够调节双分子层的流动性，降低脂质体膜的通透性，可制得稳定的脂质体。脂质体与皮肤的结构表现出高度的相似性，可以提高包裹成分的透皮吸收能力，增加生物利用度，减少不良反应，并具有缓释作用。

脂质体作为载体仍然存在稳定性和贮存稳定性欠佳、被动靶向不够明确等缺点，限制了脂质体的工业化生产及应用。为此，研究者开发了长循环脂质体、前体脂质体等提高脂质体体内外的稳定性，研制了温敏脂质体、磁性脂质体、柔性脂质体、乙醇脂质体等提高脂质体的靶向性及穿透致密细胞的能力。

3. 固体脂质纳米粒

固体脂质纳米粒作为一种新型的亚微米级载体系统，对其的研究最早报道于 20 世纪 90 年代。固体脂质纳米粒主要以室温下为固态的天然或合成的脂质或类脂为骨架，如卵磷脂、甘油三酯、脂肪醇等，将活性成分包封于脂核中或吸附在颗粒表面，形成粒径约为 50～1000nm 的固体脂质微粒载体系统。

固体脂质纳米粒与一般脂质体相比，具有载体的物理稳定性更佳、油相对活

性成分溶解度更高、聚合物粒子在制备过程中产生细胞毒性风险更小、纳米粒体内外更稳定的优势，同时固体脂质纳米粒与乳状液、脂质体相似，可采用高压乳匀法进行工业化生产。此外，固体基质赋予其聚合物纳米颗粒或微粒的优点。应用于化妆品领域具有以下优点：能够使用广泛的骨架成分；无需使用高浓度表面活性剂；能够装载高含量活性成分；提高活性成分的稳定性，避免降解或泄漏，减少对皮肤的刺激性；可实现突释或缓释，突释可提高药物对皮肤的通透性；由于活性成分存在于固体基质中，也可缓释，使皮肤表面及皮肤组织中长时间保持较高浓度；纳米粒尺寸较小，能够与角质层紧密接触，而且其较高的表面积可大大地增加活性成分与角质层的接触时间和面积，有利于透皮吸收；能够在皮肤表面成膜，起到包封作用，减少表皮水分流失，有利于活性成分透皮吸收。

固体脂质纳米粒作为载体系统应用于化妆品行业具有较大潜力，其具有良好的黏附性，在皮肤表面形成闭塞效应膜，增加角质层水合作用，增加皮肤角质层流动性，提高活性成分透皮效率，进而提高生物利用度。

4. 聚合物胶束

聚合物胶束是由于两亲性聚合物各个链段在溶剂中溶解性不同，发生缔合形成的一种新型的载体系统。两亲性共聚物在临界胶束浓度之上，通过分子间氢键、静电作用和范德华力等自发形成内核疏水、外壳亲水的核壳型聚合物胶束。其主要特点为疏水性内核可以作为疏水性活性成分的储库，将活性成分在核心部位增溶，从而增加难溶性活性成分的溶解度，降低毒副作用，增加生物利用度。

亲水性的外壳使得聚合物胶束可以很好地在水中分散，便于应用于化妆品配方中；纳米级的粒径具有良好的透皮吸收能力；聚合物胶束的临界胶束浓度一般较低，在稀释后仍可维持核-壳结构，避免活性成分的泄漏，提高了活性成分的稳定性。

5. 微胶囊

利用微胶囊化材料将生物细胞包埋起来或包裹起来，形成内含生物细胞的微胶囊，该变化过程称为生物细胞的微胶囊化。经过微胶囊固定化的细胞可以免受苛刻环境条件（酸碱、温度、有机溶剂、有毒物质等）的影响；固定化的细胞易于培养，且可以实现连续培养。微胶囊化生物细胞凭借其优良性能已被应用于医药、环保、食品工业等领域。微胶囊的常用材料可分为天然和合成高分子材料，天然材料有生物大分子、胶类以及壳聚糖类等；半合成的高分子材料主要是改性纤维素类；合成高分子种类繁多，如聚丙烯腈、聚乳酸-羟基乙酸共聚物等。

在化妆品领域，微胶囊主要应用于包载活性成分、香精、防晒剂等。将活性成分微胶囊化后，活性成分的释放速度可以维持较平稳的状态，从而避免活性成分早期在皮肤表面突释，造成局部浓度过高，滞留于皮肤表面无法持续有效渗透的问题，同时也降低了活性成分对皮肤的刺激性，延长作用时间。微胶囊香精是应用最为广泛的一种应用形式，香精微胶囊化后可固化为固体粒子，功能上可抑制香精的挥发，延长留香时间，香气也更加稳定，此外还可进行多层微胶囊化，包覆不同香型的香精香料，在涂抹过程中实现香气的转变。目前，市场上同类产品层出不穷。例如，在止汗香体产品中，香水和止汗剂用水溶性聚合物包裹，以达到长效止汗效果和持久留香的目的；在沐浴产品中加入微胶囊固体香精颗粒，不仅可以带来独特的观感，更能以丰富的香味变化满足消费者的需求。微囊化技术在化学防晒剂的涂层中也有许多应用。微胶囊防晒霜中使用的高分子材料更柔软，在使用过程中不会因涂抹摩擦而破裂，可以减少化学防晒剂对皮肤的影响以及刺激，并且增加防晒能力。

6. 微粒载体

微粒载体的内比表面积大，具有吸附和解吸的功能，因而能实现载体功能并发挥其控制释放的作用。常见的微粒载体有微海绵、多孔聚合物微球、氧化石墨烯等。

微海绵是一种用细微颗粒锁定活性成分并以此来加强功效的载体系统，由独特的球状聚合粒子构成，这些直径约 $10\sim25\mu m$ 的粒子相互交联，形成不溶于水的惰性微粒，其表面和内部可以吸附大量活性成分，最多可吸附自身重量的三倍。微海绵具有良好的弹性，涂抹感顺滑独特。

多孔聚合物微球指活性成分被吸附或分散在高分子、聚合物基质中而形成的微粒载体系统。多孔聚合物能发生衍射现象，让皱纹变浅，达到视觉上减皱、淡化毛孔的效果。氧化石墨烯来源于氧化石墨的剥离，例如常见的溶液相超声波剥离。对于氧化石墨烯的结构，目前比较认可的观点是石墨烯基底上有未被氧化的共轭芳环结构，以及氧化产生的含氧官能团（包括环氧基、羟基、羧基）结构。氧化石墨烯可视为一种非传统形态的软性材料，具有聚合物、胶体、薄膜以及两性分子的特性。

7. 纳米纤维

纳米纤维是纳米材料的一种，但不同于一般纳米材料对尺寸的严格要求，纳米纤维只需要直径达到纳米级即可。纳米纤维具有比表面积大、强度高、基重低、孔隙率高等特点。

静电纺丝技术是聚合物溶液或是熔融体在强电场作用下形成直径在纳米级到微米级纤维的一项技术，常用的聚合物材料有壳聚糖、聚氧乙烯、海藻酸钠等。目前，在医药领域，静电纺丝纳米纤维作为疮口敷料、药物载体等有较广泛的研究，在化妆品领域则可以用于面部清洁、皮肤修护以及皮肤治疗。纳米纤维作为载体系统，可以通过调节活性物质的释放速率而实现快速释放、延迟释放、缓慢释放等；

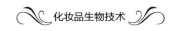

还可以通过改变纳米纤维的孔隙率和亲水性等以改善活性物质的溶解性,提高药物的生物利用度,将活性物质装载于纳米纤维的空隙中可提高活性物质的稳定性。

8. 分子马达

分子马达又称为纳米机器,本质是分布于细胞内部或表面的一类蛋白质,可以通过利用三磷酸腺苷(ATP)水解释放的化学能改变自身构象,进行机械做功,运输与其结合的分子,完成细胞间物质的运输,驱动方式一般为化学、电化学或光化学手段。生物分子马达按运动形式可分为线动马达和旋转马达两大类。线动马达通常利用 ATP 水解释放出的化学能沿着一条线性轨道运动,主要包括驱动蛋白、肌球蛋白、动力蛋白、DNA 解旋酶和 RNA 聚合酶。旋转马达中最常见的是 ATP 合成酶,广泛存在于细菌浆膜、叶绿体类囊体膜和线粒体内膜中,是合成 ATP 的场所。分子马达的直径大约 10nm,转速大于 100r/s,因此分子马达可以作为载体的驱动结构,将其与微胶囊、脂质体等结合能够提高载体的主动运输能力,提高透皮吸收能力,更好地实现靶向性。

将具有高活性的功效成分(如美白成分)经包裹后制得纳米胶囊,表面采用分子马达进行修饰,利用分子马达可定向发挥功效的特点,使其以黑色素沉淀形成的色斑为导向,辅助快速转动的纳米大小的分子马达,加快功效成分与色斑的接触,实现纳米分子马达的生物力学效应与药物酶解作用的协同,加速色斑的溶解、消除。

9. 油脂体

油脂体是一种磷脂单层结构,可以包裹疏水性成分,例如维生素 A、维生素 E、辅酶 Q10、白油、角鲨烷、橄榄油等。油脂体可以将疏水性物质进行亲水化处理,进而获得高浓度的疏水性物质的水溶液,便于在化妆品配方中应用。同时还可以保护被包封物质的活性,使其能以一种合适的速度持久地释放负载的油脂,有长效保湿和长效滋养肌肤的能力。油脂体一般选用磷脂为包覆材料,可加入蛋白质增强油脂体的稳定性。

油性体可用于装载防晒霜、维生素、色素、香精等各种油溶性成分。当作为活性载体使用时,负载在油性体中的活性成分会在涂抹过程中,或在与皮肤的相互作用中,或在自身的分散和挥发中逐渐释放,最终作用于皮肤;作为香精载体时,可以提高香精的保持力,延长留香时间;作为色素载体时,能够在涂抹过程中实现颜色的转变,可应用于变色口红、素颜霜等的配方;作为防晒剂载体可以极大地提高 SPF 值,减少防晒剂的用量,进而避免其可能引起的刺激,也可以避免使用其他合成乳化剂带来的刺激。

目前,在化妆品中广泛应用或尚在初始研究阶段的载体技术均存在一些不足,化妆品研发工程师在应用时需要根据配方需求进行筛选。载体技术的发展可以促进化妆品的形式创新及肤感提升并满足功效诉求，能够实现化妆品的差异化，提升品牌技术含量与价值。但载体技术改变了活性物质的经皮转运方式，需要特别注意安全性的问题。同时，载体技术的研究成本较高，化妆品企业可以采用与制药、食品、原料公司合作的方式进行合作研究，学科交叉互融，共同开发出更多具有良好应用前景的载体技术，进一步推动化妆品行业的发展。

第二节　面膜材料

一、传统面膜材料

面膜因其携带方便、效果明显等优点，成为爱美人士的热门护肤品。面膜的作用机制包括以下三个方面：首先，面膜通过阻断皮肤与空气的接触、抑制汗液的蒸发，提高皮肤的弹性和活力，使面部皮肤保持充足的营养和水分；其次，面膜中大量水分可以充分滋润皮肤角质层，使角质层的渗透力增强，使面膜中的营养物质能有效地渗进皮肤，促进上皮组织细胞的新陈代谢；再次，面膜具有黏附作用，当揭去面膜时，皮肤污物（表皮细胞代谢物、多余皮脂、残妆等）随面膜一起黏除，使皮肤毛囊通畅，皮脂顺利排出。因此，只要科学合理使用面膜，便可有效改善皮肤缺水和暗沉，减少细纹生成，延缓皮肤衰老，并在一定程度上起到祛除斑和痘的功效。

传统的面膜按照使用方式可分为两大类：贴式面膜和非贴式面膜；按照理化性质可分为软膜和硬膜；按照面膜的剂型分类可分为撕拉型面膜、泥膏面膜、乳霜面膜、啫喱面膜和贴式面膜。

贴式面膜含有面膜布和精华液。面膜布作为吸收精华液的载体，可以固定在面部特定位置，形成密封层，促进精华吸收。贴式面膜精华液的主要成分是增稠剂、保湿剂和肤感调理剂。

目前的传统面膜材料主要有无纺布、蚕丝、概念隐形蚕丝、水凝胶、纯棉纤维、黏胶纤维、天丝和竹炭纤维等。笔者就不同材质面膜材料的定义和特点进行分析。

（1）无纺布

无纺布面膜是市场上最常见的面膜材料之一，方便消费者使用。无纺布基材蓬松柔软，均匀性好，不产生纤维屑，成本相对较低。但无纺布与皮肤亲和力不佳，吸水性不好，仅仅作为精华液的载体，厚重不服帖，透气性一般，使用时如同白色面具，视觉感差。无纺布生产过程中会消耗大量的石油资源，不属于环境友好型产品。

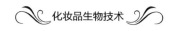

（2）蚕丝

蚕丝面膜的面膜布质地轻盈、透明、柔软、细腻，因此对皮肤的附着力好，隐形效果好。同时，蚕丝是一种吸水性强、渗透性好的多孔纤维，其保湿性是普通面膜的 5～10 倍。 蚕丝的组成部分是蚕丝纤维和活性蚕丝蛋白。 蚕丝蛋白含有人体所需的 18 种氨基酸，具有良好的透气性和吸水性，被誉为人体的"第二皮肤"。真正的蚕丝面膜不具有伸缩性，易破裂、变形，且价格昂贵，在使用上有一定的限制。

（3）概念隐形蚕丝

概念隐形蚕丝是采用天然植物纤维经过先进的有机溶剂纺丝工艺而制得，比无纺布更具弹力和韧性。面膜吸附大量精华液后可以紧密贴在皮肤表面达到透明隐形的效果且敷膜时可以自由行动，是无纺布的升级品。概念隐形蚕丝面膜与蚕丝面膜基布一样吸水性强、渗透力佳，贴肤性好，隐形效果佳；而且拉伸性强，可以根据不同脸型拉伸调节，使之覆盖到肌肤的每个角落，具有蚕丝的光泽和丝滑感，所以被称为蚕丝面膜，但它的成分却与蚕丝无关。概念隐形蚕丝面膜是目前最受消费者喜爱的面膜材质之一。

（4）水凝胶

水凝胶面膜以亲水性凝胶作为面膜基质，对皮肤无刺激，内部可以注入各种功效性成分（如熊果苷、维生素 E、烟酰胺、谷胱甘肽等成分）制成功能性面膜。同时贴肤性强，不易蒸发、干燥，其退热舒缓的功效对急性皮肤损伤（如过敏、长痘、擦伤）有良好效果，也是目前比较畅销的面膜之一。水凝胶面膜是以亲水性凝胶作为面膜基质，富含大量皮肤所需的营养和水分。当水凝胶面膜贴在皮肤上时，面膜内所含的营养成分逐步渗透到皮肤里，对皮肤无刺激。

（5）纯棉纤维

纯棉纤维由 100%纯天然纤维素制成，交叉铺网法制成水刺不织布结构，具有吸水后不易变形，纵向和横向拉力强，洁白柔软、贴肤性好等特性。纯棉布膜加厚加密，具有强吸水能力，可吸附高浓度的营养物质并可有效防止营养成分蒸发和流失。缺点是棉絮可能引起皮肤过敏。

（6）黏胶纤维

黏胶纤维是以棉或其他天然纤维为原料生产的纤维素纤维，其含湿率符合人体皮肤的生理要求，具有光滑凉爽、透气、抗静电等特点。黏胶纤维具有棉的舒适感，同时消除了棉絮可能引起的过敏风险。

（7）天丝和竹炭纤维

天丝是黏胶纤维的升级版，以木浆为原料经溶剂纺丝方法生产的一种崭新的纤维，具有棉的舒适、涤纶的强度、毛织物的豪华美感和真丝的独特触感及柔软垂坠，无论在干或湿的状态下，均极具韧性。天丝是一种源自奥地利兰木的木质纤维，干强略低于涤纶，但明显高于一般的黏胶纤维，湿强较黏胶纤维有明显改善。天丝面膜的刚性和吸湿性好，横截面为圆形或椭圆形，光泽优美，手感柔软，悬垂性和飘逸性好。

竹炭纤维面膜是以毛竹为原料，采用纯氧高温及氮气阻隔延时的煅烧新工艺和新技术，使得竹炭天生具有的微孔更细化和蜂窝化，然后再与具有蜂窝状微孔结构趋势的聚酯改性切片熔融纺丝而制成。这种独特的纤维结构使竹炭纤维面膜具有较好的吸湿透气性、抑菌功效和深层清洁功效。

（8）其他

非贴式面膜的成膜材质主要为水溶性增稠剂，非贴式面膜成膜材质的选择是面膜制备成功的关键，目前市面上常用的成膜材质主要包括4大类水溶性增稠剂：有机天然水溶性聚合物、有机半合成水溶性聚合物、有机合成水溶性聚合物、无机水溶性聚合物。

① 有机天然水溶性聚合物包括植物性胶质类和动物性胶质类，其中植物性胶质类有淀粉、黄芪胶、阿拉伯树胶、黄原胶、果胶、鹿角菜胶、琼脂、褐藻酸钠、白及胶浆和瓜尔豆胶等；动物性胶质类包括明胶、壳聚糖、胶原蛋白等。

② 有机半合成水溶性聚合物有改性纤维素类（如羧甲基纤维素、羟丙基纤维素、微晶纤维素）、瓜尔胶及其衍生物、改性淀粉类（如辛基淀粉琥珀酸铝）。

③ 有机合成水溶性聚合物包括乙烯类（如聚乙烯醇、聚乙烯吡咯烷酮、聚乙烯甲基醚及其共聚物）、聚氧乙烯、聚乙二醇。

④ 无机水溶性聚合物包括胶性硅酸镁铝、胶性氧化硅、硅酸镁钠、膨润土等。这些水溶性增稠剂是面膜功效性成分的良好载体，通过成膜作用减少皮肤水分蒸发以促进皮肤水合作用，同时对皮肤无刺激、无过敏、无毒性反应。

撕拉型面膜是一种敷到脸上变干后结成一层膜的面膜。它能使脸部皮肤温度升高，从而促进血液循环和新陈代谢。面膜干燥后，通过撕拉的方式将毛孔中的污物带出来达到去死皮的功效。最早的撕拉型面膜为粉末状，天然高分子增稠剂汉生胶和多孔吸附硅藻土在配方中起到协同增效作用，氧化镁和硫酸钙干燥后形成一层致密的封闭膜；随着配方的改进，现在撕拉型面膜多为果冻状，其主要成分为聚乙烯醇。聚乙烯醇本身为一种外科手术材料，安全性高，适用于敏感性肌肤。聚乙烯醇水溶液透明且稳定，干燥后可以形成一层均匀封闭的透明膜。

泥膏型面膜主要成分为固体粉末、表面活性剂和高分子聚合物。固体粉末有云母、高岭土、硅胶和黏土；表面活性剂在配方中具有分散固体粉末的作用，常用的有两性离子表面活性剂以及甲基椰油酰基牛磺酸钠和烷基糖苷类温和表面活性剂；高分子聚合物（如纤维素和汉生胶）起悬浮稳定作用，二者形成的胶束对泥面膜的黏度和稳定性起到协同增效的作用。

乳霜型面膜与面霜相似，但与面霜相比，乳霜面膜含有大量保湿成分、丰富

的油脂和活性物质，为肌肤提供高强度的补水和丰富的营养。

二、利用生物技术的面膜新材料

生物技术在面膜新材料方面的发展主要体现在贴式面膜的面膜基布以及非贴式面膜的成分方面。近几年，贴式面膜飞速发展，促进了面膜布厂家在面膜材质和款式上不断创新，开发出各式各样的面膜布产品。

生物质石墨烯是以生物质纤维素为原料生产的具有石墨烯结构的微片，是石墨烯大家族的重要成员。

海藻纤维是人造纤维的一种，指以从海洋中一些棕色藻类植物中提取得到的海藻酸为原料制得的纤维。海藻炭是天然的海藻类植物经过特殊窑烧成的灰烬物，含钠量少，矿物质和化学成分丰富，也含有一些藻盐类成分。

天茶纤维是将茶叶中的有效成分天然萃取，在纺丝过程中与纺丝共混得到的一种新型功能性黏胶纤维。利用独特工艺将茶叶中的天然提取物均匀分布于天茶纤维内部。

2017 年，艾诺碧（IOPE）突破传统面膜形式，3D 定制面膜技术，开启了更精准的个性化护肤时代。该技术采用"肌肤测试-配比精华-脸型扫描-面膜打印"模式，实现了从面膜载体到面膜精华液的全方位定制。使用者只要通过 App 扫描脸部，即可在 1min 内生成高仿真的 3D 面部成像。打印出的面膜采用高保湿的水凝胶材质，上脸后如同顾客的"第二层皮肤"，可实现面部轮廓的高度贴合。定向配制的精华液富含柏树萃取物、果聚糖等 9 种功能成分。根据肌肤测试结果可将美白、抗皱等功效成分按需配比至面部特定区域，实现优化的护肤效果。露得清首款定制化 3D 打印面膜 MaskiD 在 2019 年惊艳亮相。

贴式面膜的基布材料主要以纤维素为主，纤维素是世界上蕴含最丰富的天然高分子化合物，也是植物细胞壁的成分之一。它作为一种可再生资源，来源广泛，绿色环保，对人体无毒性，因此可用作贴式面膜基布材料，符合绿色可持续发展的理念。与此同时，随着消费者对面膜功能的需求越来越细分化、复杂化、个性化，贴式面膜在基布材质上不断地升级换代，推陈出新。

现在有多种新型纤维素基贴膜，如铜氨纤维面膜、莱赛尔纤维面膜、海藻纤维复合面膜、多种纤维复合面膜、细菌纤维素面膜等。纤维素基材料的丰富性使得膜布材料更加多样化。微生物纤维素是由木醋杆菌自然发酵制成的一种生物纤维，具有优异的服帖性和保水能力，生物相容性好，无刺激。生物纤维具有类似于皮肤的功能，纤维直径为 50~80nm，能深入皮肤沟壑修复细胞，并紧紧抓住肌肤细胞产生向上提拉的作用。

随着生物细胞超冻干提取技术和游离生物细胞体外培养技术的逐步成熟，21

世纪，皮肤细胞护理技术在面膜领域首先推出了活细胞生物面膜，也称活细胞生物水膜。活细胞生物面膜中所含的活性细胞多取自深海、沙漠等极限环境下生存的动植物细胞，生物活性较高；其原理是利用细胞与细胞之间的膜间渗透作用向皮肤输送水分和营养，促进皮肤新陈代谢，达到深层补水和美白的作用。

（1）铜氨纤维面膜

铜氨纤维来源于天然棉花短绒毛，是一种可再生的纤维素。之所以称之为铜氨纤维，是因为将天然纤维素溶解在铜氨溶液中，可以生成一种结构十分复杂的物质——铜氨纤维。袁月等对海藻/铜氨纤维面膜基布进行凝胶化处理，检测表明，改性后的面膜基布更薄，仅为 0.116mm，更具透气性和保水性，提高了对重金属离子的吸附能力，对镉的吸附量达到 $1.35221mg/cm^2$，是一款理想的新型功能性面膜。

（2）莱赛尔纤维面膜

莱赛尔纤维是以 N-甲基吗啉-N,N'-氧化物为溶剂的纤维素纤维，其原料取之于可以再生的人工林，优点是成丝过程所使用的溶剂回收率高，毒性极低，且不污染环境。莱赛尔纤维面膜拥有绝佳的吸湿功能，吸水性比普通无纺布更优越，能够吸附面膜布自身重量 8 倍的精华液，让肌肤保持更长时间的湿润和滋养。相比于其他面膜，莱赛尔纤维面膜的贴合效果最好，可以紧密贴敷脸部肌肤，实现对每寸肌肤的完美呵护。莱赛尔纤维取材于树木内的纤维素，是 100%纯天然材料，比一般棉布纤维更柔和、更光滑，环保无添加的生产过程保证了莱赛尔纤维的安全性。同时该材料不会有化学物质和气味残留，这是因为莱赛尔纤维面膜在使用后约 12 周就可以完全降解成水和二氧化碳，不会对环境造成污染。其实，莱赛尔纤维属于生物纤维，很多美妆博主将莱赛尔纤维面膜与生物纤维面膜分成两类是不严谨、不科学的。

李祖安探究了竹莱赛尔纤维在面膜产品中的应用。采用水刺法制备的竹莱赛尔纤维基布具有良好的吸液能力、保水耐干性、通透性、柔软性以及优异的贴肤效果，并且天丝与竹莱赛尔纤维混纺后能改善后者强力不足的缺陷，提高混纺面膜基布的力学性能。

（3）海藻纤维复合面膜

海藻酸是从褐藻类植物中提取的一种无毒、无害、可生物降解的天然绿色高分子材料，海藻纤维由海藻酸通过湿法纺丝制得，可应用于面膜基布材料。胡炳辉采用水刺法制得海藻纤维面膜基布并和市售的天丝面膜做对比。得出结论如下：海藻纤维面膜的透气性、润湿性、吸液率、抑菌率均优于天丝面膜，而其力学性能则不及天丝面膜，这是因为海藻纤维本身的力学性能、卷曲性能较差。

海藻酸钙纤维与竹纤维、天丝纤维、棉纤维共混制备成面膜基布，有研究者探究了该基布对阴离子和非离子溶液的吸液率以及对重金属的吸附能力。结果表

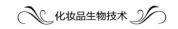

明：阴离子溶液可以提高面膜基布的吸液率和保湿性能。在透明质酸钠浓度为0.5%时，海藻酸钙纤维和竹纤维共混无纺布的吸液率可达 24.37g/g，纯的竹纤维无纺布只有 20.16g/g。每克共混面膜基布分别和铜离子、铅离子的水溶液接触 24h之后，吸附铜离子、铅离子可达到 21.4mg 和 44.8mg，因此海藻酸盐纤维面膜基材在功能性面膜基材中有很高的应用价值。

（4）多种纤维复合面膜

当面膜基布由多种纤维混合制成时，它比单纤维面膜基布具有更出色的性能。李杨等利用多种新型纤维以不同比例混纺制成面膜基布，并进行性能测试。测试的面膜基布纵向强力明显高于横向，纯铜氨纤维面膜基布拉伸断裂性能较为优异。而铜氨/海藻纤维混纺（20/80）而成的面膜基布吸收水分最好，可达到自身的 1337%。海藻/壳聚糖（20/80）纤维混纺面膜基布的透气性最好，聚乳酸/铜氨（5/95）纤维混纺面膜基布的透湿量最大，铜氨纤维面膜基布的透湿量相对较小。在抗菌性测试中，壳聚糖纤维、海藻纤维和薄荷纤维这些生物纤维均具有良好的抗菌性能。最终筛选出性能优异的四种水刺布：100%铜氨纤维水刺布、壳聚糖/铜氨（20/80）水刺布、海藻/铜氨（20/80）水刺布、薄荷/壳聚糖/铜氨（16/20/64）水刺布，为优化面膜基布提供了参考依据。尹月煊等对 7 种材质面膜的性能进行了安全评价、感官评价和综合问卷调查，在皮肤刺激性测试中最好的三种是：棉纤维基布＞果纤基布＞灰色竹炭基布；感官评价包括滴液量、厚度、贴合度、透气性、水润感等一系列综合性评价指标，排名前三的为：天丝基布＞果纤基布＞铜氨纤维基布。所以棉纤维和天丝纤维综合性较好，为新产品的研发以及基材的优化提供了科学依据。李杨等还研发了四种可用于"隐形面膜"的基布，与市场上常见的隐形面膜基布相比，面膜基布干湿态物理机械性能优越，具有良好的透湿性和透气性，而且"隐形"良好，完全能适应市场对"隐形"面膜的要求，且采用短纤维经水刺加工，产品的尺寸稳定性好，透光率高，成本较低。

对市面上可以作为面膜基布的 13 种非织造材料的性能进行测试分析，结果表明：铜氨纤维湿态下的断裂强度最大；棉纤维和黏胶纤维的透气性低，而铜氨和木浆纤维的透气性较高，即随着纤维基布孔径的增大，织物的透气性变好；木浆纤维的持液率最高，涤纶/黏胶混纺材料的持液率最低，而试样的孔径、透气性、透湿性、柔软性、持液率都随着共混黏胶质量分数的增加而变差，但是厚度会相应地变小，为科学选择面膜提供了理论依据。

（5）细菌纤维素面膜

细菌纤维素（bacterial cellulose，BC）是一种兼具生物相容性与生物可降解性的天然高分子材料，由葡糖醋杆菌自然发酵制成，具有精细的纳米级三维网状结构，具有高持水性、高纤维素纯度以及良好的湿态柔韧性、贴肤性和韧性，能贴入皱纹与皮丘深处，因此较一般布织面膜更具提升和紧肤效果。同时其力学性能、生物相容性好且具有可降解、无污染等优点，是一种理想的面膜基布材料。细菌纤维素面膜具有超强的亲肤性，同时又具有能贴入皱纹与皮丘深处的包覆能力，因此较一般布织面膜更能提升敷面效果，并可紧贴肌肤，不会出现一般面膜脱落的现象。

透明质酸（hyaluronic acid，HA）作为人体皮肤的组成之一，是人体内分布最广的一种酸性多糖，具有保湿、预防和修复皮肤损伤，营养皮肤等功效，是自然界中最好的保湿因子。在细菌纤维素膜发酵制备过程中原位添加 HA 即可得 HA-BC 复合生物面膜，该面膜呈现"上致密、下疏松"的双层结构。相较于 BC 和无纺布面膜，HA-BC 复合生物面膜更贴合人体皮肤结构，抗拉力性能更好；手感更柔软，贴肤度更高；HA-BC 复合生物面膜中由于透明质酸的存在，较未改性的 BC 面膜和无纺布面膜锁水力更强。

细菌纤维素是微生物在液态含糖基质中产生并分泌到基质中的胞外纤维素。BC 是由葡萄糖分子以 β-1,4-糖苷键聚合而成的高分子材料。BC 的基本结构是由许多微纤组成束状纤维，束状纤维相互交联，形成错综复杂的网状结构和孔道，这也决定了 BC 良好的吸水性和透气性。天然的纤维素中通常含有木质素、半纤维素等成分，纤维素的纯度不高；而细菌纤维素纯度高，全部由纤维素组成。细菌纤维素贴膜一般具备良好的拉伸性能，因而更能适应于不同的脸型。Soni Muhsinin 等利用木醋杆菌发酵香蕉皮形成细菌纤维素，制备的纤维素贴膜平均厚度在 0.015cm，拉伸强度可高达(6174.00 ± 837.06)kgf/cm^2，伸长率可达到自身的 $79.05\%\pm15.78\%$。我国现阶段细菌纤维发酵面临着技术落后、产品应用领域狭窄、附加值低等现实问题，应建立生物纳米纤维素面膜工程化生产体系，从发酵生产、结构调控、原位复合等角度，开发生物纳米纤维素及功能化面膜系列产品。

利用葡萄糖杆菌静态培养得到 BC 面膜，并且与市场上的三种面膜进行了比较，结果表明：自制面膜纤维平均直径为（48.6 ± 13.4）nm，是无纺布面膜纤维直径的 1/306，与市场上现有的面膜相接近；自制面膜湿态拉伸性能为无纺布面膜的 2 倍，略高于市场上现有的 BC 面膜，持液率为无纺布的 665 倍。在细菌纤维素的基础之上，添加其他物质可增强细菌纤维素贴膜的功效性。

面膜制备的过程要求尽可能地多吸收营养物质且在接触人体皮肤时能快速地释放营养物质，这就涉及到面膜基布吸收和释放营养物质的能力。聂英等利用 BC 制备得到面膜基布，考察了 BC 基布对小分子的传递行为。结果发现，BC 基布对物质的吸收能力与膜厚度成正比，而对物质的输送速度与膜厚度成反比；$1.0\sim1.5$mm 的膜在 $20\sim30$min 内，对物质的传递量最高。BC 基布是一种有良好前景的面膜基布材料。

三、前景与展望

　　面膜是一种极具代表性的护肤用品，经过前些年资本与市场的融合，已经从美容院里的奢侈品，变成了日常肌肤护理的快速消费品。面膜类的护肤品因使用简便、效果显著、价格亲民等优点深受广大消费者的喜爱，在日用护肤品中的销量更是名列前茅。有数据显示，我国面膜销售年增长率为20%，面膜已成为我国日化行业增长最快、最细分的市场。随着生物技术的进步，市场上出现了多种形式和材质的面膜。日常护肤品往往是功能型的，只能针对性地解决肌肤问题。而面膜独有的特性，能使其同时解决肌肤的保湿、美白、控油、抗敏、去角质等问题，这一特性也是面膜迅速发展的主要原因。面膜的研究起源于医学领域，最初是为了提高伤口的治疗效果，减少伤口泡痕。后来发现，面膜不仅能用于伤口治疗，还具有清洁、美白、滋养、去角质等功效，逐渐推广至美容领域。但是关于面膜基布尚未出台标准，相关研究还不是很成熟。

　　面膜材料从最初人工合成纤维贴膜，到植物纤维贴膜，发展到现今的生物纤维素贴膜。其中，铜氨纤维、黏胶纤维复合贴膜在市场上具有广泛性，棉纤维、莱赛尔纤维贴膜综合性能较好，细菌纤维素贴膜因制备工艺不成熟、价格普遍较高，在应用方面受到限制。然而随着面膜基材的多样化发展，可以看出，天然的、安全的面膜基布越来越受到消费者的推崇和喜爱，面膜一定会向着舒适化、经济化、轻薄化、人性化不断迈进。

　　尽管纤维素类材料在面膜上应用前景广阔，但是仍有一些问题值得关注。细菌纤维素的生产工艺复杂，如何优化工艺、提高产量是一项难点。目前纤维素的提取工艺要使用一些强酸强碱试剂，如果在后续过程中没有洗脱干净，会对人体皮肤有潜在的危害，所以寻求一种温和的提取工艺非常必要。多种纤维复合贴膜的性能一般来说要优于单一纤维贴膜，在复合过程中要使面膜的性能达到最优，需对不同纤维的种类、比例进行定量的描述，这在日后的工作中还要不断探索实践。

　　综上所述，目前对面膜的研究集中在功效性成分、面膜载体材质方面，配方师们将不断将化妆品中的各类功效性成分添加到面膜中以制成多种功效性面膜，不断寻找新型的、吸收效果好且无毒副作用的功效性成分，不断开发持液能力强、生物相容性好且可降解的面膜载体材质以及分析各种面膜载体材质对面膜功能（如透气性、柔软性、持液率、渗透性、保水性、拉伸性等）的影响。生物技术为贴式面膜提供了新膜材。且在功效成分方面，越来越多的仿生化妆品功效原料被应用于各种剂型的化妆品中。生物纤维材质、仿生材质的面膜基材由于其与皮肤相容性较好，不易引起过敏性刺激等不良反应，是面膜材质重要发展方向之一。

第三节　防晒材料

一、传统防晒材料

为了避免被太阳中紫外线晒黑和晒伤皮肤，人们常采用涂抹防晒类化妆品、撑遮阳伞以及穿防晒类衣物等方法进行防晒。其中，防晒剂是防晒类产品中的重要组成成分，传统防晒剂主要分为天然防晒剂、紫外线屏蔽剂、紫外线吸收剂。

（1）天然防晒剂

天然防晒剂是从天然植物中提取的。天然防晒剂能有效吸收紫外线、清除氧自由基。我国目前已将芦荟、黄瓜等的提取液应用到防晒产品中。另外，一些中草药如槐米、黄连、红花等不仅有较强的防晒作用，还能起到护肤、美白、治疗皮炎等作用，因此具有较高的应用价值。天然防晒剂防晒区间大、致敏率低、安全有效，有广阔的应用前景。

（2）紫外线屏蔽剂

紫外线屏蔽剂能够提供固体物理屏障，主要为无机粒子，其典型代表为二氧化钛、氧化锌粒子。将其均匀涂布在皮肤表面，形成一层均匀的保护层。该保护层对紫外线有反射、折射和散射作用，可屏蔽掉部分紫外线对皮肤的伤害。物理防晒材料通常是一些不溶性粒子或粉体，粒子的直径大小直接影响其紫外线屏蔽作用。物理防晒材料具有安全性高、稳定性强等优点，且不易发生光毒反应或光变态反应。当然，物理防晒材料也可能因发生光催化反应而刺激皮肤。为了解决这种潜在的隐患，部分厂家采用各种材料（如聚硅氧烷、氧化铝、硬脂酸及表面活性剂等）对超细无机粉体进行表面包裹处理，这样不但可以降低无机粉体的光催化活性，同时也可以防止无机粉体在防晒产品中的析出或积聚，增加产品的稳定性，改善产品的视觉效果和消费者的使用肤感。因此，物理防晒剂的颗粒直径大小、颗粒的形状、包裹材料的种类、产品涂抹的均匀程度等都对防晒效果有直接的影响。

（3）紫外线吸收剂

紫外线吸收剂一般是有机分子，具有芳香族结构或色团结构。芳香环的转变对于防晒剂紫外光谱性质非常重要。色团分子量越大，会导致吸收剂的吸收强度和最大吸收峰波长越大，因此 UVB 吸收剂的分子量一般比 UVA 及广谱吸收剂的分子量小。

紫外线吸收剂又称为化学防晒材料，可以通过选择性吸收日光中的紫外线而起到对皮肤的防晒作用。由于吸收了这些紫外辐射，紫外线吸收剂的分子由基态

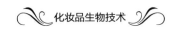

被激发至较高的能态。当被激发的分子回到基态时，发射出来的能量较开始时产生激发态所吸收的能量低，这部分能量以较长波的辐射形式发射出来。如果能量损失很大，发射辐射的波长足够长，在红外线波段，皮肤上可能会感到有温和的热辐射。由于皮肤直接暴露于太阳光下，接受到较强的热效应，上述微小的热效应不易被觉察或探测出来。当发射的能量处于可见光范围内，便可产生荧光或磷光作用，这种现象在咪唑啉型紫外线吸收剂中是很常见的，在产品或涂抹产品的皮肤表面上可以看到深蓝色的荧光。

二、利用生物技术的防晒新材料

由二氧化钛、氧化锌等无机物制得的物理防晒剂只反射紫外线，且易干扰皮肤呼吸；化学防晒剂（如甲氧基肉桂酸异辛酯），容易光降解，引起过敏；与此相对比，利用生物技术模仿皮肤的防晒机理和生物工程合成出与人体自身结构相仿、具有高亲和力的新型防晒剂，有着对皮肤相容性好，同时无刺激、过敏等副作用的优点。

Takashi Fujiia 等验证食用胶原蛋白多肽对 UVB 辐照的阻挡作用，通过 UVB 辐照进食 7 周含有质量分数 5%的胶原蛋白多肽食物的无毛小鼠，结果表明：通过口服胶原蛋白多肽可以改善小鼠皮肤脱水以及减少皱纹的形成，减弱 UVB 对小鼠皮肤光老化的影响。

可可含有丰富的多酚、多肽、蛋白质、脂肪等物质，这使其具有抗氧化的功效，可应用于化妆品中。美国 Ashland 公司的产品 Blumilight™（可可籽提取物）通过体外实验验证该原料可以维持经过蓝光照射后视蛋白的含量，减少由蓝光引发的线粒体和细胞的活性氧；通过临床研究，志愿者使用加入了 1%的 Blumilight™ 膏霜一个月后，皮肤的皱纹减少，增加了皮肤的光滑度和弹性。使用该原料，填补了我国行业内抗蓝光化妆品的空白，也解决了电子屏幕辐射对消费者的困扰，此产品一经上市，便深受广大消费者的喜爱。

荧光显微镜观察到，正常条件下很少有细胞发生自然凋亡，而经中波紫外线（UVB）照射，细胞凋亡数量明显增多（$p<0.01$）；加入扇贝多肽可对经紫外线照射后的细胞凋亡产生抑制作用，且有剂量依赖性，与 UVB 照射的对照组比较有显著意义（$p<0.01$）。

此外，利用基因工程从大豆中提取出的核酸可以有效吸收紫外线，把这种天然防晒剂添加到化妆品中，可制备出一种全新的能有效吸收阳光辐射中的全波段紫外线的防晒化妆品。活酵母细胞衍生物（LYCD）是以活酵母细胞为原料，对其进行有控制的伤害（例如紫外线照射）后所产生的反应产物，LYCD 能够增加细胞呼吸且促进修复作用。其主要由氨基酸、核苷酸、糖肽等具有特殊功能的低分子量的物质组成，具有高效的紫外线吸收作用，酵母细胞在受到紫外线照射后会作出应激反应，其衍生物中蛋白质含量会显著增加。利用紫外线照射后的酵母培养液进行菌体酶解得到酵母细胞衍生物。将此作为防晒霜添加剂，可以提高防晒因子，防晒效果显著增加。蛋白质分子中含有 3 种芳香族氨基酸：苯丙氨酸、酪氨酸和色氨酸，可吸收一定量的紫外线，其最大吸收峰波长分别为 257nm、274nm 和 280nm，并释放一定的荧光。其中，色氨酸的最大吸收峰波长为 280nm，最大发射峰波长为 360nm；而苯丙氨酸在 257nm 波长处存在最大吸收峰，释放出波长为 282nm 的荧光，此荧光刚好被色氨酸吸收，然后释放出 330~350nm 波长的荧光。所以，一般蛋白质分子具有一定的吸收 UVB 的能力。其中色氨酸所吸收的波长较长，可吸收苯丙氨酸等释放的荧光，且自身释放的荧光（属于 UVA）可再次被其他化合物（例如香豆素类）吸收，即：利用高色氨酸含量的蛋白质进行适当的 UVA 吸收剂修饰，理论上可吸收 UVA 和 UVB，制成可吸收 280~400nm 波长紫外线的防晒剂。因此，研究蛋白质类防晒剂无论是对提高防晒剂的安全性还是对作为广谱紫外线吸收类防晒剂，都有重要的理论和应用价值。

根据不同防晒剂的性质，将不同的防晒剂进行复合，例如 UVA 防晒剂与 UVB 防晒剂的复合、有机吸收剂和无机散射剂之间的复合等，以期提高防晒产品的性能，也是目前的一个研究方向。例如，纳米二氧化钛主要在 280~350nm 的波长段吸收性能较好，在其他波长范围内的吸收较弱。纳米氧化锌是一种非常广谱的防晒剂，其在短波长的吸收性能较纳米二氧化钛差，但其能提供一直到 UVA 段的非常广谱的紫外线防护。

近年来，虽然科研工作者们进行了大量天然防晒剂的研究工作。然而，还未见较为系统、全面、持续的天然防晒剂的研究，以及基于研究所必要的天然防晒剂的定义、原理、分类等；更未见真正意义上基于天然防晒剂的广谱、修护型防晒产品。但不难发现，天然防晒剂及其产品的研究开发是化妆品界的技术热点和市场必然趋势。在天然防晒剂的研究开发过程中，研究者们还需要克服诸多难题：天然提取物成分复杂，其安全性的评估工作是一大难题；如何提炼出其中能有效抵抗紫外线的成分；有些具有良好防晒性能的天然防晒剂难以溶入常见的化妆品用溶剂；如何将研究的多种天然防晒剂通过复配达到高效的抗紫外线能力。能否解决这些难题，是研制天然防晒产品成败的关键。

三、前景与展望

防晒产品中安全、稳定、高效、低刺激和低过敏性的防晒剂原料一直是研发的重点。随着对暴露于太阳光下危险性意识的提高，人们已经意识到暴露于紫外线下的皮肤与皮肤癌之间的相关性。随着社会的发展以及人们防晒意识的增强，

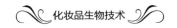

防晒剂的特性应用及安全性越来越受到人们的广泛重视，不同国家和地区对防晒剂的使用种类进行了严格的限制，我国《化妆品安全技术规范》规定允许使用的防晒剂只有 27 种，并且对每种防晒剂在化妆品中的最大使用浓度进行了明确的限定。一个新品种的推出要经过十分严格的安全性测试，如一次性皮肤刺激试验、连续性皮肤刺激性试验、光敏性试验、过敏性试验、急性毒性试验、致畸性试验、致癌性试验等。除了上述的安全性条件外，防晒剂还应该具备较高的应用性能，如较高的紫外线吸收能力、良好的光稳定性和化学稳定性以及良好的配伍性等。从防晒新技术、新原料的发展来看，多项极具前瞻性的研究正在世界范围内展开，如无机防晒剂向超细化及纳米化方向发展，增加防晒剂的铺展面积，降低防晒剂的使用密度，使用较低量的防晒剂就能达到较好的防晒效果。同时，用新型载体的包裹技术也得到广泛的应用。能与防晒剂起协同作用的添加剂也得到了深入研究。如抗氧剂能限制紫外线光子引起的损伤，有助于修复涌入皮肤的紫外线光子导致的基因损害；维生素 C 已被证实能适当预防 UVB 诱导的光损伤和 UVA 诱导的光毒性反应，与维生素 E 结合能发挥更大的预防细胞损伤作用。同样，随着人们对环境保护和产品安全的意识越来越强，天然植物防晒剂因对皮肤的安全性好，不会引起肌肤的不良反应，以及对环境的友好性，正逐渐受到科研工作者和消费者的青睐。

第四节　化妆品包装材料

不断研制新材料和新的加工技术、追求新的造型，一直是业内在化妆品包装容器方面的开发重点。现在，材料的应用范围已不仅仅局限于玻璃瓶、塑料瓶，包装新材料的应用也已成为化妆品行业推出新产品、完善现有产品的一种方式。

据报道，个人护理品包装占填埋垃圾的 30%，因此包装的可持续发展就变得尤为重要。宝洁的 Pantene Natural Fusion 系列包装采用甘蔗材料制成，宣称这种生物塑料比基于石油等化学物质的塑料更容易回收。强生宣称其 Neutrogena Naturals 尽可能地使用消费后的再生材料制成。还有很多美容品公司把工作重点放在生产中的效率、负责任的垃圾管理和减少包装上，并尽可能做到把碳足迹降到最低。但从整个行业来看，现实情况是产品总是过度包装。营销需求、零售要求和监管限制都可能导致这种过度包装，必须找到一种方法来控制这种情况。

保护性、功能性和装饰性"三性一体"是未来化妆品包装的发展方向。和产品一样，绿色、环保的包装材料将是未来化妆品包装材料的主要选择方向。随着人们对环保要求的提高，人们对包装材料的环保性，尤其是塑料材质包装的可生物降解性越来越重视。现代可生物降解包装材料可以通过合成、加工等工艺获得与传统合成包装材料相似的性能。因此，其可广泛应用于包装领域，如食品、化妆品以及药品包装等。

可生物降解聚合物分为合成生物降解聚合物（如某些聚酯）和天然生物降解聚合物（如淀粉）。天然生物材料就是由生物过程形成的天然材料，以生物合成的乳酸聚合而成的聚乳酸（PLA）作为天然材料的典型代表，其因良好的性能及同时兼具生物工程材料和生物医用材料应用特性而成为近年来研究得最活跃的两种生物材料。聚乳酸是由生物发酵生产的乳酸经人工化学合成而得的聚合物，但其仍保持着良好的生物相容性和生物可降解性，具有与聚酯相似的防渗透性，同时具有与聚苯乙烯相似的光泽度、清晰度和加工性。聚乳酸提供了比聚烯烃更低温度的可热合性，可采用熔融加工技术、纺纱技术进行加工。因此聚乳酸可以被加工成各种包装用材料。生物高分子材料——聚羟基脂肪酸酯（PHA），是通过很多微生物合成的一种细胞内聚酯，是一种天然的高分子生物材料。因为 PHA 同时具有良好的生物相容性、生物可降解性和塑料的热加工性，因此可作为生物医用材料和生物可降解包装材料。此外，PHA 还具有良好的气体阻隔性、较好的水解稳定性、紫外稳定性。PHA 结构多元化，通过改变菌种、给料、发酵过程可以很方便地改变 PHA 的组成，而组成结构多样性带来的性能多样化使其在应用中具有明显的优势。根据组成可将 PHA 分成两大类：一类是短链 PHA（单体为 C3～C5），一类是中长链 PHA（单体为 C6～C14）。近年已有报道，菌株可合成短链与中长链共聚羟基脂肪酸酯。PHA 的生产经历了第一代 PHA——聚羟基丁酸酯（PHB），第二代 PHA——羟基丁酸共聚酯（PHBV）和第三代 PHA——羟基丁酸己酸共聚酯（PHBHHx）等过程，而第四代 PHA——羟基丁酸羟基辛酸（癸酸）共聚酸[PHBO(PHBD)]尚处于开发阶段。其中，作为第三代 PHA 的 PHBHHx 由清华大学及其合作企业实现了首次大规模生产。PHA 生产的另一条可行的途径是利用转基因植物来实现。PHA 在植物中的合成可以利用光能消耗二氧化碳，成为一种可持续、可再生的材料生产方式。现在已在烟草、马铃薯、棉花、油菜、玉米、苜蓿等植物中实现了包括 PHB、PHBV 以及中长链 PHA 等不同 PHA 的合成。而其中在马铃薯块根中 PHA 的合成是最具生产前景的。与传统化工塑料产品的生产过程相比较，PHA 的生产是一种低能耗和低二氧化碳排放的生产，因此从生产过程到产品对于环境保护都是很有利的。

当前，在"低碳风暴"席卷全球的大背景下，绿色环保和可持续性发展已不仅仅是一个口号，更是一种社会责任和一项实际行动。我们注意到，越来越多的知名化妆品制造商发布了自己的可持续发展计划和战略目标，包括化妆品包装的可持续发展战略，例如可再生或可回收原材料、包装废弃物的再利用等。这就要求包装印刷企业在化妆品的绿色包装方面必须有所作为，这也成为包装印刷企业参与全球化竞争时绕不开的一道壁垒。

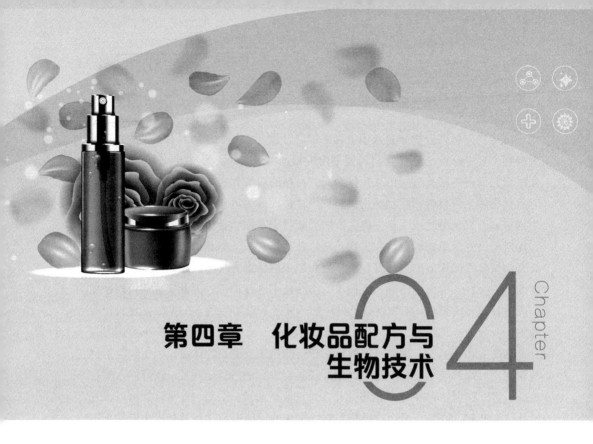

第四章　化妆品配方与生物技术

近年来，在快速增长的化妆品工业领域中，生物技术和生物制剂在化妆品研究开发以及化妆品的安全性、功效性评价等各个环节中得到广泛的应用。这不仅使化妆品品种明显增多，还促进了产品内在质量的提高，推动了我国化妆品工业以前所未有的速度向前发展。越来越多的生物制剂作为功效添加剂成功地应用于化妆品。趋向生物化是当今化妆品发展的主要方向之一。

在现代化妆品研发及生产过程中，得益于生物防腐技术、透皮吸收技术、载体技术、皮肤本态研究等在化妆品行业的高效应用，科研人员能够利用这些手段开发出具有较高技术含量的功效性化妆品，生物技术逐渐成为化妆品行业未来发展的方向之一。

第一节　化妆品的生物防腐技术

动物源防腐剂是指从动物身上提取抗菌物质，是天然防腐剂开发的一个重点。目前，从昆虫中提取的一些抗菌类物质已经应用于化妆品研发中。昆虫中的抗菌类物质主要为抗菌肽，为具有抗菌活性的碱性多肽物质，对金黄色葡萄球菌、铜绿假单胞菌、大肠杆菌、沙门氏菌、白色念珠菌及真菌、寄生虫、病毒等均有广谱抑制作用。

　　微生物源防腐剂是指源于微生物的防腐剂，一般被称为生物抗菌剂，具有副作用小、环保、高效的优点。可分为两类：一类直接用微生物（如细菌等）来抗菌防腐；另一类即是利用微生物的代谢产物或提取物进行抗菌防腐。用于化妆品的控制微生物污染微生物源防腐剂主要是通过添加微生物的代谢产物或提取物以达到抑菌的目的。

　　生物防腐剂副作用极小、环保高效，所以原则上可以提高其使用浓度；生物防腐剂有复活期（即常说的反应期），会在与微生物接触 3 天左右后起作用；生物防腐剂与化妆品配方中其他物质"绝缘"，保证其效力能全部发挥。因此，生物防腐技术是化妆品防腐的主流。

　　生物防腐技术是指从生物体内通过生物培养和分离等技术获得具有杀灭微生物的产品。一般认为，生物防腐剂抑制微生物生长主要是通过对细胞中任何一个有助于细菌繁殖的亚结构（如细胞膜、细胞壁、生物活性酶、蛋白质及遗传物质等）施加作用，进而达到抑菌或杀菌的目的。

一、化妆品中的微生物

　　人类应用化妆品进行皮肤保养已有 6000 多年的历史，古人早已懂得将动植物油脂涂抹于皮肤以保护和美容皮肤。随着时间推移，用于化妆品生产的原材料不再局限于天然物质，如蜂王浆、动植物油脂、天然植物提取物等。羊毛脂衍生物等合成物极大地丰富了化妆品原料库。化妆品中含有的丰富的营养物质（蛋白质、油脂、糖类等）和水分，提供了微生物生长繁殖必需的碳源、氮源等营养物质。且化妆品 pH 一般都在 4～7 之间，环境较为温和，非常适于微生物的生长和繁殖，因此在化妆品的生产、储藏和使用过程中极易受到微生物的污染。受到微生物污染的化妆品不但产品腐败变质，某些致病微生物污染还会对人体健康产生危害。因此，有效地控制微生物污染才能更大程度地保证化妆品的使用安全。

　　细菌、真菌都是化妆品中常见的微生物。常见细菌以革兰氏阴性菌为主，包括埃希菌属、假单胞菌属、变形杆菌属等；常见霉菌则以青霉属、曲霉属为主。遭受微生物污染的化妆品由于微生物的增殖代谢作用可发生性状或成分等的一系列变化。某些微生物代谢产生的色素会导致化妆品发生色泽变化，常见的是霉菌污染化妆品后产生不同颜色的霉斑；微生物在化妆品中生长增殖过程中所产生的硫化物、酸气等可使得原本芬芳的化妆品散发令人不悦的气味；微生物还可在酶的作用下分解化妆品中的脂类、蛋白质等，使化妆品出现变稀、渗水等现象。化妆品受到微生物污染后变质而不能使用，造成经济损失。如果人们使用了被致病微生物或条件致病微生物污染的化妆品，可能会造成感染或过敏，对人体产生健

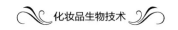

康损害。化脓性细菌污染可引起皮肤和黏膜的感染，当人体免疫力降低时，某些条件致病微生物也会引起感染。

化妆品被微生物污染还会直接影响消费者的健康，化脓性细菌污染可以引起皮肤、眼部的感染，严重时还会导致败血症甚至死亡；眼部化妆品被假单胞菌污染，可能会导致失明；葡萄球菌和溶血性链球菌会引发毛囊炎、疖、痈、脓肿、败血性感染等。此外，微生物的一些有毒代谢产物也可影响人体健康。即使污染的微生物被杀灭，其残存的溶菌酶等成分也有可能引起产品变质，分解化妆品成分，产生对人体有刺激性作用的物质。如 β-熊果苷可被微生物和 β-葡萄糖苷酶水解为氢醌，氢醌有美白作用，但是对皮肤有强烈的刺激性和毒性。

化妆品被微生物污染的途径分为两类：化妆品原料和生产过程带入以及消费者在使用过程中造成微生物污染。原料和生产过程造成的污染称为一次污染，消费者使用过程中造成的污染称为二次污染。因此，防止化妆品微生物污染可以从产生污染的源头加强研究，也可通过改良化妆品取用方式减少二次污染。

化妆品的原料生产过程和工艺各不相同，生产厂商的质量控制标准也各有差异，消费者购买化妆品时可通过查看产品的生产厂家是否具有相关资质来判断产品质量是否符合生产要求。正规的化妆品公司的日常运营是在工商行政管理、卫生监督、食品与药品监督、质量与技术监督等政府部门的监管下进行的，质量控制更有保障。化妆品的生产环境并非严格的无菌环境，空气中飘浮的尘埃和微生物以及生产设备都有可能导致产品被微生物污染，建议生产厂商按照生产质量管理规范（GMP）要求严格执行，尽量避免化妆品在生产过程中被污染。虽然目前美国和东盟都发布了 GMP 指南，但并未强制要求化妆品生产厂商执行。在实际生产过程中，可对生产设备、原料、包装过程和包装材料、操作人员个人卫生等环节进行把控。

当化妆品被打开后，消费者会反复接触产品，手部或者使用部位的微生物也可能导致产品被微生物污染。对彩妆产品而言，重复使用未及时清洁的粉扑、毛刷等上妆工具，也有可能会造成产品的二次污染。产品使用后，若长时间处于敞开状态，与空气接触后很快就会变质。一些含光敏感成分的护肤品，随着开盖次数的增加，功效会逐渐降低。产品使用合适的包装能减少微生物的污染程度，如泵压包装、一次性包装等。近年来，随着消费者卫生意识的增强，使用此类包装的产品逐渐增多。

除了以上提到的防止化妆品被微生物污染的方法，在化妆品配方中加入适量的防腐剂是防止微生物污染的最常用、最有效的方法之一。但是，一些防腐剂在杀灭和抑制微生物的同时，还可能会减弱皮肤的免疫能力，刺激皮肤或引起过敏反应。因此，在产品配方时需要严格按照国家对防腐剂使用剂量的要求进行操作。选择防腐剂时应注意不影响产品色泽，要无气味、不改变产品黏度和 pH 值，注意防腐剂的添加量，既要能达到防腐的效果，又要保证用量范围内无毒性、对皮肤无刺激。生产厂家可以通过化妆品防腐剂防腐效能测试来验证特定浓度的防腐剂体系是否符合要求。目前，采用较多的是根据《美国药典》和《欧洲药典》的规定方法以及 2019 年国际标准化组织发布的 ISO 11930 "化妆品-微生物学-化妆品抗菌保护的评估方法"标准。

在 2015 年版的《化妆品安全技术规范》中，对化妆品中禁、限、准用物质，化妆品的毒理学试验，理化检验，微生物检验以及人体安全性等方面进行了规范、要求和指导。根据该法规，化妆品注册备案前需检测的微生物内容包括：①菌落总数，判定样品被细菌污染的程度，是对样品进行微生物总体评价的综合依据；②霉菌和酵母菌数；③特定菌，即化妆品中不可检出粪大肠菌群、铜绿假单胞菌和金黄色葡萄球菌。

美国药品和食品管理局（FDA）对化妆品中微生物含量的要求是"化妆品不需要无菌，但它不能被致病微生物污染，非致病微生物应该控制在很低的水平。化妆品在使用过程中也需要符合这个要求"。因此，防止微生物污染，同时保证化妆品产品的安全性、使用性，在生产过程中就必须使用相关的抗微生物手段（即化妆品的防腐体系）来干预。随着科技的发展，化妆品抗微生物技术也日新月异。

化妆品中微生物指标应符合表 4-1 中规定的限值。

表 4-1　化妆品中微生物指标限值

微生物指标	限值	备注
菌落总数/（CFU/g 或 CFU/mL）	≤500	眼部化妆品、口唇化妆品和儿童化妆品
	≤1000	其他化妆品
霉菌和酵母菌总数/（CFU/g 或 CFU/mL）	≤100	
耐热大肠菌群/（g 或 mL）	不得检出	
金黄色葡萄球菌/（g 或 mL）	不得检出	
铜绿假单胞菌/（g 或 mL）	不得检出	

二、化妆品防腐体系的建立

防腐剂是指可以阻止产品内微生物的生长或阻止与产品反应的微生物生长的物质。目前全球范围内使用的防腐剂已超过 200 种，《化妆品安全技术规范》（2015年版）规定的可以在我国使用的防腐剂共有 51 种。防腐剂对微生物的作用在于它能选择性的作用于微生物新陈代谢的某个环节，使其生长受到抑制或致死，而对人体细胞无害。重要的是，它能在不同情况下抑制最易发生的腐败作用，特别是在一般灭菌作用不充分时仍具有持续性的效果。一般情况下，不同的防腐剂对不同的微生物有不同的抑制效果。

化妆品的防腐体系实际上是由若干种防腐剂（和助剂）按一定比例构建而成。防腐体系的基本要素是防腐剂，但其效能大小与其用量和使用对象的剂型（液态、粉状、乳状、膏霜状等）特性、组成（是否含碳水化合物、蛋白质、动植物抽提物等）、pH 值、可能污染的微生物种类和数量等密切相关。化妆品防腐体系的作用主要是保护产品，使之免受微生物的污染，延长产品的货架寿命；确保产品安全性，防止消费者因为使用受微生物污染的产品而引起可能的感染。新生的、衰老的和病变的皮肤易受到微生物的感染，在这种情况下，防腐体系也具有防止消费者由皮肤上的细菌引起感染的作用。防腐剂主要从以下三个方面发挥作用：

① 破坏微生物细胞壁和抑制微生物细胞壁的形成。防腐剂破坏细胞壁的结构，使细胞壁破裂而失去其保护作用，从而抑制微生物生长直至死亡。防腐剂抑制微生物细胞壁的形成是通过阻碍形成细胞壁的物质的合成来实现的，如有的防腐剂可以抑制构成细胞壁的重要组分肽聚糖的合成，有的可阻碍几丁质的合成等。

② 影响细胞膜的功能。防腐剂破坏细胞膜，可使细胞呼吸窒息和新陈代谢紊乱，损伤的细胞膜导致细胞内物质泄漏而使微生物死亡。

③ 抑制蛋白质合成和致使蛋白质改性。防腐剂在透过细胞膜后与细胞内酶或其他某些蛋白质发生作用，通过干扰蛋白质的合成或使之变性，致使细菌死亡。

总地来看，防腐剂可能会抑制一些酶的反应，或者抑制微生物细胞中酶的合成。这些过程可能抑制细胞的基础代谢，或者抑制细胞重要成分的合成，如蛋白质和核酸的合成。需要注意的是，不同的防腐剂性质不同，在实际生产过程中需注意它们的特性，避免生产中的防腐剂变质。引起防腐剂变质的因素主要有以下四大类：

① 光照引起的防腐剂变质。季铵盐、苯甲醇三氯甲基叔丁醇、洗必泰的盐类、氯甲酚、苯乙醇、山梨酸钾、山梨酸等受到光照后会发生分解，在贮藏时要防止光照。

② 加热引起的变质。三氯甲基叔丁醇、酚类防腐剂、布罗波尔、金刚烷氯化物、山梨酸钾、葡萄糖洗必泰等防腐剂在高温下会发生分解并存在挥发损失，在制备化妆品时需要注意。

③ 化学和生化反应引起的防腐剂失效。防腐剂之间或者防腐剂与配方中其他组分之间发生化学反应，使防腐剂失效。另外，入侵的微生物也会和配方中的某些防腐剂成分发生生化反应，防腐剂被降解。例如假单胞菌属和分枝芽菌属易使对羟基苯甲酸类降解。

④ 辐射消毒或灭菌过程引起防腐剂的损失。辐射消毒或灭菌会产生自由基，发生化学反应，导致防腐剂的降解。

用量少、抗菌范围广的单一防腐剂是不存在的。但是，设定一个相对理想的防腐剂标准对于广大生产者研究开发产品，形成一个高效广谱的防腐体系具有重要意义。笔者认为一个好的防腐剂至少应该满足下面的条件：具有良好的抑菌性能，不仅抗细菌而且抗真菌（霉菌和酵母菌），用量少即可取得较好的抑菌效果；在广泛的pH值范围内有效；安全性好，没有毒性和刺激性；具有化学惰性，不与配方中其他成分及包装材料反应；具有合适的油水相分配系数，使其在产品水相中能达到有效的防腐浓度；与大多数原料相容，不改变最终产品的颜色和香味；使用成本低，容易获得。

由于造成化妆品腐败变质的微生物种类繁多，而单一防腐剂的适宜pH值、最小抑制浓度和抑菌范围都有一定的限制，一种防腐剂要完全满足以上这些条件是不可能的，往往需要两种或两种以上的防腐剂复配使用，以达到防腐、灭菌的目的。防腐剂的复配方式有：不同作用机制的防腐剂复配、不同适用条件的防腐剂复配和针对不同微生物的特效防腐剂复配。不同防腐机制的防腐剂复配可大大提高防腐剂的防腐效能。不同防腐机制的防腐剂复配不是功效的简单加和，而是相乘的关系。不同适用条件的防腐剂的复配可对产品提供更大范围的防腐保护。适用于不同微生物的防腐剂复配主要是拓宽防腐体系的抗菌谱，在化妆品的防腐体系设计中，这种复配方式很常见。比如咪唑烷基脲中复配尼泊金甲酯，以增强对霉菌和酵母菌的抑制效果。

多种防腐剂复配是具有实际意义的。合适的防腐剂复配可以：①拓宽抗菌谱。某种防腐剂对一些微生物效果好而对另一些微生物效果差，另一种防腐剂的防腐效果刚好相反。将两者合用，就能达到广谱抗菌的目的。②提高药效。两种杀菌作用机制不同的防腐剂共用，其效果往往不是简单的叠加，通常在降低总体使用量的情况下，仍能保持足够的杀菌效力。③抗二次污染。有些防腐剂对霉腐微生物的杀灭效果较好，但残效期有限；而另一类防腐剂的杀灭效果不大，但持续抑制作用显著。将两者混合使用，既能保证贮存和货架质量，又可防止使用过程中的重复污染。④提高安全性。使用防腐剂时，有时为了达到防腐效果，用量要超过规定的允许量。若多种防腐剂在允许量下混配，既能达到防腐目的，又可保证产品的安全性。⑤预防抗药性的产生。如果某种微生物对一种防腐剂容易产生抗药性的话，它对两种以上的防腐剂同时产生抗药性的机会自然就小得多。

化妆品防腐体系在设计时需遵从安全、有效、有针对性以及与配方其他成分相容的原则。

① 安全：符合相关法规定的同时，尽量减少防腐剂的使用量，减少对皮肤的刺激。理想的防腐体系应当在很好地抑制微生物生长的同时，对皮肤细胞没有伤害。过量的防腐剂用量，会对皮肤造成一定的伤害，如过敏等。

② 有效：全面有效抑制微生物的生长，保障产品具有规定的货架期。

③ 有针对性：针对配方特点以及适用对象等"量身定做"防腐体系。没有万能的防腐剂，防腐体系应根据化妆品的剂型、功能、使用人群等进行相应的设计。

④ 与其他成分相容：注意配方中其他组分对防腐剂的影响以及不同防腐剂之间的互作效应。

设计的防腐体系应尽可能满足以下的要求：

① 广谱的抗菌活性。

② 良好的配伍性。在化妆品中防腐剂与各种类型的表面活性剂和其他组分配伍时，应有良好的互溶性，并保持其活性。

③ 良好的安全性。选用的各类防腐剂首先应符合《化妆品安全技术规范》中的限量要求，同时还要通过安全性的相关试验。

④ 良好的水溶性。

⑤ 稳定性。防腐剂在温度、酸和碱条件发生变化时应该是稳定的。

⑥ 防腐剂在使用浓度下，应是无色、无味的。

⑦ 成本低。

不同类型的产品会受到不同微生物的污染。膏霜和乳液容易受到酵母菌和细菌等大多数微生物的污染。洗发水容易受到绿脓杆菌为主的革兰氏阴性菌的污染。眼线膏、睫毛增长液之类的眼部产品容易受到酵母菌以及绿脓杆菌和黄色葡萄球菌为主的多种细菌的污染。由粉末原料和油分配制而成的粉状眼影和粉饼类产品主要受到霉菌的污染。在化妆品中有较多含水的制剂，不含水的制剂难以被微生物污染。同时，不同剂型、不同使用方式的产品，对防腐剂的选用要求也不相同。

大多数的防腐剂都容易在酸性和中性环境中发挥其效能，在碱性环境中则效力显著减低，甚至失效。季铵盐类防腐剂却在 pH 值大于 7 时才有效。选用防腐剂时一定要关注 pH 值对产品的影响，确保所选防腐剂的功效。

不同的使用部位对防腐剂的敏感程度不同，选用防腐剂时应有所区别。例如，眼睛周围皮肤相对薄嫩敏感，宜选用刺激性较小的防腐剂；同时，甲醛等刺激性挥发物对眼睛有明显的伤害作用，甲醛释放体类的防腐剂应尽量避免。另外，颈部的皮肤较敏感脆弱，也应选用刺激性小的防腐剂。皮肤部位不同，对皮肤产生健康危害的有害微生物也不相同。因此，从保护皮肤的角度（杀菌消毒），防腐剂的选用应当考虑对不同皮肤部位的有害菌群的抑制作用。

国内外配方设计时普遍采用防腐挑战性实验评价防腐剂的有效性。防腐挑战性实验更接近实际应用，该方法能够模拟化妆品生产和使用过程中受到高强度的微生物污染的潜在可能性和自然界中微生物生长的最适宜条件，从而避免微生物污染造成损失并为消费者健康提供可靠的保证。

三、前景与展望

目前，化妆品中使用的防腐剂主要是酚类、醇类、酸类、酮类、酯类、醛类、酰胺类、季铵盐化合物类、卤素化合物类等有机化合物，羟基苯甲酸酯类（尼泊金酯类）仍然是使用最多的防腐剂。近年来，随着人们对绿色环保化妆品的推崇，天然防腐剂的开发成为了化妆品防腐体系的探究热点。

据报道，超过千余种植物含有抑菌物质，具有抑菌作用的物质一般分布在植物的根、球茎、花和花芽、叶子等部位。任何一种植物提取物都有复杂的化学成分，具有一定的生物学活性。能起到抑菌作用的成分称为抑菌有效成分。一种植物提取物可能含有不同的有效成分，具有抑制多种不同微生物的作用；不同的植物也可能含有相仿的有效成分，具有类似的抑菌作用。目前研究表明，具有抑菌活性的植物提取物中抑菌的有效成分主要为生物碱类、黄酮类、多糖类、苷类、有机酸类和精油等。

随着人们安全和环保意识的提高，天然和"绿色"逐渐成为化妆品防腐的一大趋势，开发具有美容功效的复合型天然防腐保存剂、新生物技术防腐保存剂来应用于化妆品的抗微生物污染将展现出广阔的市场前景和应用价值。

目前常用的化妆品生物防腐剂有苯乳酸（PLA）、ε-多聚赖氨酸、乳酸链球菌素（Nisin）以及溶菌酶。

（1）苯乳酸（PLA）

PLA 是由乳酸菌产生的新型抑菌物质，已经广泛应用于食品防腐中。与其他细菌素相比，抑菌谱较广，不仅可以抑制食源性腐败菌、致病菌，还可以抑制真菌。同时，PLA 还具有溶解性好、易于扩散、稳定性高等特点。将其用到化妆品防腐中，可以大大提高防腐效果和产品质量。美国国际特品公司（ISP）已经将其成功运用到其新产品中。

（2）ε-多聚赖氨酸

ε-多聚赖氨酸（ε-聚赖氨）是由白色链球菌发酵产生的一种含有 25～30 个 L-赖氨酸残基的同型单体聚合物，由一个 L-赖氨酸的 ε-氨基与另一 L-赖氨酸的羧基形成酰胺键连接而成。ε-多聚赖氨酸为淡黄色粉末，吸湿性强，略有苦味，易溶于水，微溶于乙醇，是赖氨酸的直链状聚合物。ε-聚赖氨酸是目前天然防腐剂中具有优良防腐性能的微生物类防腐剂，其抑菌机理是：呈高聚合多价阳离子态的 ε-聚赖氨能破坏微生物的细胞膜结构，导致细胞内物质、能量和信息传递中断，还能与细胞内的核糖体结合，影响生物大分子的合成，最终导致细胞死亡。

1989 年，日本在添加剂目录表中把 ε-多聚赖氨酸归属于一种天然添加剂，并允许使用。自 2003 年起，美国食品药品监督管理局（FDA）已正式批准 ε-多聚赖氨酸为天然食品添加剂。在化妆品中，ε-多聚赖氨酸作为防腐剂已被纳入我国 2021 年版的《已使用化妆品原料名称目录》中。鉴于其良好的抗菌性能和安全性，韩国、日本和欧美的化妆品企业已将 ε-多聚赖氨酸用作防腐剂，在一些化妆水、面霜、乳液和卸妆液类的产品中使用。ε-多聚赖氨酸作为安全、环保、高效、广

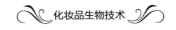

谱的杀菌剂用于防腐，在日化产业会有较大的应用空间。另外，ε-多聚赖氨酸具有很强的吸湿能力，在化妆品中可用作保湿剂，也可与丙烯乙二醇结合形成水凝胶，制备高吸水性聚合物材料，应用于一次性纸尿裤和卫生巾等日化产品中。

（3）乳酸链球菌素（Nisin）

乳酸链球菌素也称乳酸链球菌肽，简称乳链菌肽，是利用微生物发酵工程技术，以蛋白质类为原料，经乳酸链球菌发酵后，制备得到的一种纯天然、高效、安全的生物活性抗菌肽，由 34 个氨基酸组成，分子质量 3354Da。Nisin 的防腐原理是干扰细菌细胞壁中肽聚糖层的形成，使磷脂化合物与细胞壁、质膜的合成停滞，导致细胞内含物和 ATP 外泄，使细胞裂解。乳链菌肽有效抑菌质量浓度小于100μg/mL，可有效抑制革兰氏阳性菌（包含芽孢）生长和繁殖，如链球菌属、乳酸杆菌属、葡萄球菌属等，但对革兰氏阴性菌、真菌和病毒一般无抑制作用。乳链菌肽可以通过与其他天然生物防腐剂或螯合剂（如柠檬酸、EDTA、山梨醇、吐温 20 等）复配，协同增加防腐效能，大大增强抗菌性。

乳链菌肽作为食品防腐剂已经得到较为广泛的应用，在 60 多个国家和地区批准使用。联合国粮食及农业组织/世界卫生组织（FAO/WHO）于 1969 年确认 Nisin 为高效、安全、可靠的食品防腐剂。1983 年，美国食品药品监督管理局（food and drug administration，FAD）确定乳链菌肽为公认安全产品（generally recognized as safe，GRAS）并批准使用。我国于 1990 年批准使用 Nisin，可用于肉制品加工、乳制品和酸性罐头食品中，能够有效阻止耐热性孢子的萌发和毒素的形成。在化妆品中，乳链菌肽作为防腐剂已被纳入《已使用化妆品原料名称目录》，广泛应用在洁面膏、面霜、面膜、乳液、化妆水、精华液、眼唇部护理以及毛发护理类的化妆品中，在这些化妆品中，乳链菌肽与一些螯合剂协同组成防腐体系。

（4）溶菌酶

溶菌酶是一种能水解细胞壁中黏多糖的碱性酶。溶菌酶的来源有多种，如鸡蛋清溶菌酶、植物源溶菌酶、动物源溶菌酶、微生物源溶菌酶等。不同来源的溶菌酶，其抑菌谱各不相同。该酶化学性质稳定，具有抗菌、消炎、抗病毒等作用，且具备良好的热稳定性和酸碱稳定性。其抑菌机制主要是通过破坏细胞壁中的 N-乙酰胞壁酸和 N-乙酰氨基葡萄糖之间的 β-1,4-糖苷键，使细胞壁不溶性黏多糖分解成可溶性糖肽，导致细胞壁破裂，内容物逸出而使细菌溶解。溶菌酶对革兰氏阳性菌具有较强的杀菌作用，与 EDTA-2Na（乙二胺四乙酸二钠）或壳聚糖复配时，可以增强其抑菌作用。目前，溶菌酶作为天然蛋白质型防腐剂，用作食品防腐，安全、高效且无毒，已广泛用于肉制品、乳制品、水产品和饮料等食品的防腐保鲜。在我国的《已使用化妆品原料名称目录》中，溶菌酶作为抗菌剂已被纳入，并在多种类型的化妆品中使用，但其用量在《化妆品安全技术规范》中并未作出相应规定。溶菌酶用在化妆品中有强化皮肤抗菌力、抑制细菌繁殖、消炎退肿的作用，可使多种微生物细胞分解，杀灭致病微生物，尤其是对痤疮杆菌有较强的杀灭作用，使化脓性痤疮的创伤组织得以修复和再生。另外，溶菌酶用于口腔卫生用品中，可以预防多种牙齿疾病（如龋齿）。

第二节　透皮传输技术

一、皮肤的结构与透皮传输

皮肤由表皮、真皮和皮下组织三部分组成，表皮的最外层为角质层，角质层由角质细胞和细胞间脂质组成。其中，角质细胞类似砖墙结构中的"砖块"，细胞间基质中脂质类似填充于砖块并黏着砖块的"灰浆"。表皮角质层由近 20 层角质细胞相互连接而成，这种特殊的"砖墙"结构决定了角质层是化妆品中有效物质透皮吸收的主要屏障，其中脂质起主要作用。

化妆品通过涂擦、喷洒或者其他类似的方法，散布于人体皮肤表面。其透皮吸收等能力对于功效的发挥和消费者的人身安全具有重要意义。随着人们对功能性化妆品需求的不断增加，传输系统在化妆品的开发中亦显得越发重要起来。透皮给药系统或透皮吸收制剂又称经皮给药系统或经皮治疗制剂，系指通过皮肤贴敷方式使药物透过皮肤，由毛细血管吸收进入全身血液循环并达到有效血药浓度、实现疾病治疗或预防的一类制剂。化妆品与药物的透皮给药机理上具有很多共通之处，但对于化妆品，我们希望的是其功效成分能作用于皮肤的相应部位，而不是进入体内循环。我们将化妆品和药剂透皮吸收的区别归纳如下（见表 4-2）。

表 4-2　化妆品与药剂透皮吸收的区别

区别项目	化妆品透皮吸收	药剂透皮吸收
透皮吸收物质	化妆品活性成分	药物
吸收深度	真皮层	血液
作用位置	皮肤	身体各器官
作用效果	改善皮肤	治疗或预防疾病

1. 透皮吸收的机制

皮肤是人体最大、最重要的器官之一。成人皮肤总面积为 $1.5\sim2.2m^2$，占体重的 $14\%\sim16\%$。皮肤主要由表皮、真皮和皮下组织组成，此外还包括附属器（毛囊、汗腺、皮脂腺）。皮肤表面一层脂质称为表面类脂，主要来源于皮脂腺的分泌和皮肤脱落的表皮细胞。除此之外，皮肤表面还有纤维细胞分泌的糖蛋白及微生物。

表皮基层由一单层有核骰状活性细胞构成，覆盖在基底膜上，药物的生物转

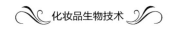

化多在这些细胞中进行。表皮细胞间脂质骨架结构复杂,在窄小的细胞间交替分布着亲水区和亲油区。磷脂和糖鞘脂等极性脂质主要存在于表皮基层,而胆固醇等非极性脂质主要分布在角质层。角质层中的亲脂区几乎全部由饱和脂质组成,水和多数化合物难以透过。

真皮位于表皮和皮下脂肪组织之间,皮肤附属器(毛囊、汗腺、皮脂腺)存在于其中。真皮之中还存在着丰富的毛细血管。真皮内尚含有大量电解质和水分,并有丰富的神经末梢。皮肤附属器包括毛囊、汗腺、皮脂腺,为透皮吸收的次要途径。但一些离子型物质和水溶性物质难于通过富含类脂的角质层,皮肤附属器是该类型物质通过皮肤的主要通道。

外来物质进入皮肤主要通过两个通道:皮肤附属器(汗腺、毛囊、皮脂腺)和表皮。表皮途径为透皮吸收的主要途径。皮肤附属器在皮肤表面所占的面积只有0.1%左右,因此不是透皮吸收的主要途径。表皮途径又可分为跨细胞途径和细胞间途径。前者物质穿过角质层细胞到达活性表皮,后者物质通过角质层细胞间类脂双分子层到达活性表皮层。由于角质层细胞渗透性低,且药物通过跨细胞途径时需要经历多次亲水/亲脂环境的分配过程,所以跨细胞途径在表皮途径中只占极小部分。物质分子主要通过表皮途径进入活性表皮层。

在整个过程中,富含类脂的角质层起到了主要屏障作用。所以脂溶性的物质相比水溶性物质可以更好地透过角质层。物质在透皮吸收的过程中可能会在皮肤内产生积累,形成贮存,其主要积累部位是角质层。一些lg$P$>3[某物质在正辛醇(油)和水中的分配系数比值的对数值,反映了物质在油水两相中的分配情况。lg$P$值越大,说明该物质越亲油,越小则越亲水,即水溶性越好。]的亲脂性物质在皮肤内有显著的积累。

大多数情况下,物质是以表皮通道进入皮肤,并经历三个阶段:首先为透皮渗透,即透过表皮进入真皮;然后是皮肤吸收,在真皮通过毛细血管作用进入体循环;最后在作用部位积聚。这是药物透皮给药的全过程,最终目的是利用皮肤给药的优点(使用方便和毒副作用小)治疗全身性疾病。药物的透皮给药实际上是透皮吸收给药,化妆品的透皮给药过程与药物的主要区别在于化妆品功能性成分以透皮渗透后积聚在作用皮肤层为最终目的。

2.透皮吸收的影响因素

影响透皮吸收的有三大类因素:

(1)生理因素。皮肤的水合作用、角质层的厚度、皮肤的条件、皮肤的结合作用与代谢作用都会影响透皮吸收。

(2)物质性质。①药物剂量和药物浓度,靶向给药系统(TDDS)首选药物一般是剂量小、作用强的药物。②分子大小及脂溶性,分子量大于600的物质较难通过角质层；药物的扩散系数与分子量的平方根或立方根成反比，分子量愈大，分子体积愈大，扩散系数愈小；脂溶性物质的吸收效果大于水溶性物质。③物质的 pH 和 pK_a。④TDDS 药物浓度。⑤熔点与热力活度。

（3）剂型与基质。根据透皮吸收由易到难进行排序，剂型：软膏＞乳液＞凝胶或溶液＞悬浮液＞粉剂；基质：油包水型＞水包油型＞油型＞动物油＞羊毛脂＞植物油＞烃类基质。

目前，促进药物透皮吸收的方法有物理学方法和化学方法两大类：

（1）物理学方法：除去角质层；角质层的水化作用；离子渗透法；电致孔法；超声波法；温热疗法；无针注射法——包括无针液体注射、无针粉末注射。

（2）化学方法：脂质类物质的合成；角质层去脂质化；化学吸收促进剂的合用；前体药物的合成。

3．促进透皮输送技术

促进药物透皮吸收的方法中，除去角质层、角质层的水化作用、脂质类物质的合成、化学吸收促进剂的合用是化妆品可用的方法。脂质类物质的合成是利用相似相溶原理，模仿皮脂从而透过角质层。透皮吸收促进剂是指能够降低药物通过皮肤的阻力，加速药物穿透皮肤的物质。理想的透皮吸收促进剂应对皮肤无损害或刺激、无药理活性、无过敏性、理化性质稳定、与基质有良好的相容性、无反应性、起效快以及作用时间长。

常用的透皮吸收促进剂有表面活性剂、二甲基亚砜、氮酮类化合物、醇类化合物、氨基酸、水溶性蛋白质等以及薄荷油、松节油等其他吸收促进剂。表面活性剂自身可以渗入皮肤并可能与皮肤相互作用，改变皮肤透过性质。非离子表面活性剂主要增加角质层类脂流动性，刺激性小，但促透效果较差。离子型表面活性剂则与皮肤相互作用较强，但容易引起皮肤红肿、干燥或粗糙。二甲基亚砜是药剂中应用较早的一种促进剂，有较强的吸收促进作用，与角质层脂质相互作用以增强药物的脂溶性是其主要吸收促进机理。但其具有皮肤刺激性和恶臭，长期及大量使用对皮肤有严重刺激性，甚至引起肝损伤和神经毒性，因此在化妆品中禁用。氮酮类化合物是化妆品中常用的促透剂，对亲水性成分的促进作用强于亲脂性成分。氮酮透过角质层可以对原有的脂质结构进行重新排列，降低脂质的黏性，提高其流动性。氮酮类化合物与其他促进剂合用效果更佳。醇类化合物包括各种短链醇、脂肪酸及多元醇等，结构中含 2～5 个碳原子的短链醇（如乙醇、丙二醇等），能溶胀和提取角质层中的类脂，增加药物的溶解度，从而促进极性和非极性成分的透皮渗透。但是短链醇只对极性类脂有较强的作用，而对大量中性类脂作用较弱。丙二醇、甘油及聚乙二醇等多元醇也常作为促透剂使用，但单独应用的效果不佳，与其他促进剂合用可增加药物及促进剂溶解度，发挥协同作用。

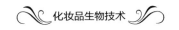

氨基酸和水溶性蛋白质可以增加皮肤角质层脂质的流动性，吸收促进作用受介质pH 值的影响，在等电点时效果最佳。挥发油在一些传统外用制剂中作为皮肤刺激药早有应用，如薄荷油，桉叶油，松节油等。这些精油主要成分是萜烯类化合物，具有较强的透过促进能力，且能够刺激皮下毛细血管的血液循环。

不是所有功效物质都要透皮吸收，也非渗透越深越好。防晒剂、遮瑕霜、粉剂等彩妆类产品不需要吸收，UV 吸收剂应滞留在皮肤表面，如果渗透到皮肤内，则错过作用部位而丧失功能；保湿产品中的脂质等功效成分仅仅与角质层屏障作用，需要停留在表皮的角质层；具有美白功效的产品应渗入基底层作用于黑素细胞以减少黑素小体产生，且需要停留在基底层；抗皮肤老化产品应吸收至真皮，作用于成纤维细胞才能达到满意效果，因此需要功效物质深入真皮层。

二、化妆品最新缓释技术

随着生活水平的提高，消费者对化妆品品质的要求也不断提高，只有简单护肤成分的基础配方再也不能满足消费者的需求，化妆品将越来越向着更加科学和有效的方向发展。所以，在现代化妆品配方领域，具有各种功效的活性成分和药物越来越受到配方师和消费者的重视。这些有效活性成分通过皮肤屏障的能力各不相同，如何将有效成分送抵目标部位，使有效成分缓慢而持久地释放进而起到效用，是一个关键问题。

缓释技术即控制释放技术，指当有效成分通过人体主动吸收，达到最佳效果时，开始控制释放营养，进行缓慢补充，直线保持最佳效值，直到营养被全部吸收，避免了从高峰期进入到衰退期的阶段性营养过剩和阶段性营养缺乏。缓释制剂就是使目的物从制剂中按一定的规律缓慢释放，从而发挥作用，消去或减轻副作用，确保疗效和安全。接下来我们介绍五种较有代表性的缓释技术。

（1）多重乳状液

一般来说化妆品中较广泛使用的乳状液有 O/W 和 W/O 型乳状液两种类型。它们各有优缺点：O/W 型乳状液有较好的铺展性，使用时不会感到油腻，肤感相对清爽，但净洗效果和润肤作用不如 W/O 型乳状液；W/O 型乳状液具有光滑的外观、高效的净洗效果和优良的润滑作用，但油腻感较强，常使人感到黏腻。

多重乳状液是一种 O/W 和 W/O 型乳液共存的复合体系，又可分为 W/O/W 和 O/W/O 两种，能够制备成与乳液体系的产品有相同密度的膏状物，如可在外相中加入增稠剂，提高体系的物理稳定性。多重乳状液可有效控制多重乳液的分散过程，使有效成分缓慢而持久地释放。另外还可以在不同相区溶解不同的活性物质，并防止其相互作用，例如 W/O/W 型多重乳状液可以使两种不同的水溶性活性物质（如蛋白质、酶和维生素）和一种油溶性物质（如香料）存在于同一化妆品中。

多重乳状液是一种理想的化妆品体系，可以同时含有多种活性成分，是一种兼具功能性和美观性的分散体系，对皮肤温和。多重乳状液在药物和缓释制剂中也有很好的应用前景。但是，多重乳状液具有复杂性，人们对多重乳状液体系内的液滴与液滴间、液滴与表面活性剂间的相互作用，体系的物理稳定原理，体系的热力学、动力学等许多问题仍然没有深刻的理解，因此有必要深入开展多重乳状液的基础研究，为其更好地在化妆品制剂的开发与应用中提供理论依据。

（2）多孔聚合物微球

多孔聚合物微球是一种有特殊表面结构的功能高分子材料，它作为化妆品活性物质载体时，可使吸附在其中的活性物质在相当长时间内缓慢释放，从而避免了在使用初期皮肤表面活性物质浓度不适当地过高，然后很快下降。对于刺激性活性物质，还可通过低浓度持续释放来降低对皮肤的刺激性，延长作用时间。

多孔聚合物微球具有较高的比表面积，可负载更多的活性组分和组合不相容组分，并且起到缓释的作用。作为改变活性物质添加的方式，新型载体是关键。多孔聚合物微球是固液均可的开放式系统。多孔载体的聚合物微球一般不会透皮渗透到皮肤中，但它的细微结构会使皮肤有天鹅绒般的柔润感。

多孔聚合物微球因表面和内部具有多孔结构而具有出色的光遮盖性和可变形性，可以作为防紫外线的添加剂而用于防晒化妆品中。一些中草药材因性质温和，副作用少，被吸收后有长期作用于皮肤的功效，因此被用于化妆品中。多孔聚合物微球不但可以用于中草药的提取分离，而且可以作为中草药活性组分的载体。目前，对于药物化妆品的研究多集中于美白祛斑上。美白祛斑类化妆品需要透皮渗透到皮肤基底层中才能发挥抑制黑色素的作用，利用多孔聚合物微球作为具有美白、抗衰老等作用的活性物质的载体，加之促渗剂等辅助作用，可以使活性组分更快地渗入皮肤，其美白祛斑效果大大提高。

（3）油脂体

油脂体是一种磷脂单层结构，可以包裹疏水性成分，例如维生素 A、维生素 E、辅酶 Q10、白油、角鲨烷、橄榄油等油脂。油脂体可以将疏水性物质进行亲水化处理，进而获得高浓度的疏水性物质的水溶液，便于在化妆品配方中应用。同时还可以保护被包封物质的活性，使其能以一种合适的速度持久地释放负载的油脂，有长效保湿和长效滋养肌肤的能力。油脂体一般选用磷脂为包覆材料，可加入蛋白质增强油脂体的稳定性。

油脂体可用于装载各种脂溶性成分，例如防晒霜、维生素、色素和调味剂。当用作活性成分的载体时，负载在油性物质中的活性成分在涂抹过程中与皮肤相互作用，或在自身的分散和挥发过程中逐渐释放出来，最终作用于皮肤；作为香精载体时，可以提高香精的保持力，延长留香时间；作为色素载体时，能够在涂抹过程中实现颜色的转变，可应用于变色口红、素颜霜等产品中；作为防晒剂载

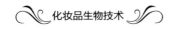

体可以极大地提高 SPF 值，减少防晒剂的用量，进而避免其可能引起的刺激，也可以避免使用其他合成乳化剂带来的刺激。

（4）单分散多孔聚合物微球

单分散多孔聚合物微球作为一种具有特殊表面形态的功能高分子材料，在活性物质的控制释放方面具有许多优势。将其应用为化妆品活性物质的载体时，能够延缓活性物质在人体皮肤表面的释放，由此达到延长活性物质有效作用时间，降低刺激性等目的。李璐等人通过实验以自制的改性多孔交联微球为功能载体，采用静态吸附法吸附 Parsol178 活性组分，并对所制得的多孔微球形貌、活性物质吸附和体外释放行为进行了研究。

原位凝胶又称在体凝胶，可对机体生理条件或其他环境因素产生响应，发生相转变而由溶液态变为半固体凝胶态。因此，原位凝胶给药系统不仅具备传统凝胶制剂缓慢释药、生物相容性好等性质，还可通过局部注射途径实现方便给药。原位凝胶可分为温度敏感、离子敏感、pH 敏感等不同类型，其中温度敏感型原位凝胶（简称温敏凝胶）是目前研究较多的局部给药用原位凝胶系统，多由亲水性均聚物或嵌段共聚物组成，其特征为室温时处于液体状态，给药后在体温（37℃）下可迅速转变为半固体凝胶，形成局部药物储库，实现药物持续且缓慢释放。

有研究利用聚乙烯醇（polyvinyl alcohol，PVA）和甲基纤维素（methyl cellulose，MC）合成的水凝胶作为载体，构建了一种积雪草苷缓释给药系统，其胶凝温度范围是 32～35℃，将该溶液喷涂在皮肤上，短时间内可形成温敏薄膜。研究结果表明，该载体无毒性，生物相容性良好，可防止伤口细菌感染，载有积雪草苷的薄膜可有效促进伤口愈合，降低给药频率，患者的接受度高，从经济学和美学角度提高了生物医学疗效。有研究通过多羟基泊洛沙姆与 3,4-二羟基-L-苯丙氨酸和 L-精氨酸的酯化反应合成了一种新型温敏凝胶。其在猪皮上的黏合强度结果表明：温度影响凝胶对组织的黏合能力，与 25℃下的结果相比，37℃时其具有更优异的黏合强度；就生物降解性和细胞毒性而言，其优于一些常规聚合物基黏合剂，提高了生物相容性，在生物医学应用方面具有很好的前景。此外，泊洛沙姆（PF）是近年来新剂型和新传递系统研究的主要给药载体之一。有研究合成了由泊洛沙姆 188（pluronic F68，PF68）和泊洛沙姆 407（pluronic F127，PF127）组成的温敏水凝胶，并通过物理混合方式包载姜黄素固体脂质纳米粒（solid lipid nanoparticles，SLN）。该制剂在接近皮肤的温度（29.3℃）下胶凝，将黄原胶（xanthan gum，XG）加入到系统中后，皮肤黏合性和机械性能得到改善。在皮肤渗透性研究中，与姜黄素的乙醇溶液相比，PF/XG/SLN 水凝胶的皮肤渗透作用更好。以红霉素（erythromycin）和中药厚朴（*Magnolia. officinalis* Rehd.et Wilson）为主药，制备了一种羟丙纤维素（hydroxypropyl cellulose，HPC）的水凝胶系统。该制剂是具有抗痤疮作用的美容护肤产品。研究结果表明，在药物存在下，HPC 系统的黏弹性模量增加，在引入厚朴酚后，该系统具有温敏性，在室温环境下为液态，37℃时变为半固体。体外溶出实验表明，在厚朴酚存在下红霉素的释放量大大增强。离体测试实验中，厚朴酚表现出优于红霉素的渗透性质。

（5）Pickering 乳液

Pickering 乳液是一种由纳米固体颗粒代替传统表面活性剂稳定乳液体系的新型分散乳液。与传统表面活性剂稳定的乳液体系相比，Pickering 乳液在较低乳化剂用量下即可形成稳定乳液，降低生产成本，对环境绿色友好，可重复利用，在化妆品、食品、医药等领域独具应用优势。有研究表明，纳米固体颗粒在油/水界面上的吸附几乎是不可逆的，因此 Pickering 乳液理论上具有很强的稳定性。Pickering 乳化剂引入化妆品中可以减少甚至消除传统表面活性剂带来的低毒性和刺激性，同时还可以发挥颗粒自身具有的功效性，如固体颗粒本身的刚性和可改善的浸润性为包埋和缓释及透皮吸收提供优良的条件；Pickering 乳液还可以为制备化妆品用复合多功能颗粒提供优良的模板。此外，固体颗粒种类和功能丰富多样，根据产品的不同需求可以选择不同颗粒或多种颗粒同时应用。因此，Pickering 乳液在化妆品领域有广阔的应用前景。

在化妆品中应用的 Pickering 乳化剂主要包括无机纳米颗粒和生物来源的有机颗粒两类。化妆品中常用的无机纳米颗粒有黏土、二氧化硅、氧化锌、二氧化钛等，这类无机纳米颗粒不仅可以稳定 Pickering 乳液，同时还可发挥自身功能，如二氧化硅作为 Pickering 乳化剂的同时还可以实现有效增稠，从而提高稳定性、改善产品的触变性能和使用肤感。二氧化钛和氧化锌纳米颗粒本身为物理防晒剂，用其稳定 Pickering 乳液可减少防晒产品对皮肤的刺激、增强防晒效果以及减少有机防晒剂的用量。生物来源的固体颗粒拥有选择性广、安全性高且本身具有生物活性和功效的优势，近年来已成为 Pickering 乳化技术的研究热点。已报道的可作为 Pickering 乳化剂的生物固体颗粒包括淀粉颗粒、淀粉纳米晶、改性淀粉颗粒、蛋白质颗粒以及黄酮、植物甾醇等有机结晶颗粒。

通过 Pickering 乳液包埋技术，可实现活性成分的保护、运输和缓释，有效提高活性成分的稳定性和安全性。姜黄素难溶于水，对光、热和铁离子敏感，难以被有效利用。Tikekar 等发现 Pickering 乳液包埋的姜黄素，其稳定性比悬浮在蒸馏水中的姜黄素提高了约 100 倍，并且具有长时间的缓释功能；Shah 等人以制备的壳聚糖-三聚磷酸盐（CS-TPP）纳米颗粒合成 Pickering 乳液包埋姜黄素，实现了该体系的 pH（pH = 2~7）、盐浓度（NaCl 和 $CaCl_2$ 浓度为 0～0.2mol/L）和时间的稳定，并且姜黄素成功地包封在 CS-TPP 纳米颗粒稳定的 Pickering 乳液系统中，该系统保持了包封的姜黄素的良好稳定性。表没食子儿茶素没食子酸酯（EGCG）的抗氧化活性强，能防止细胞和 DNA 受损。Chen 等人利用 Pickering 乳液包封 EGCG，有效延缓了 EGCG 降解，实现了 EGCG 的缓慢释放。Pickering 乳液在促

进活性成分透皮吸收方面较传统乳液具有明显优势。Frelichowska 等人首次研究了 Pickering 乳液促进透皮吸收的作用。结果显示，包埋在二氧化硅 Pickering 乳液中的咖啡因透皮吸收效率约为传统表面活性剂乳液的 2 倍。Frelichowska 通过实验研究了该体系中 Pickering 乳滴携带咖啡因进入皮肤的方式，推测表面较疏水的二氧化硅更倾向于黏附于皮肤表面，进而促进咖啡因通过细胞间脂质间隙更快进入角质层。乳液破裂后，二氧化硅聚集体表面携带少量的咖啡因进入皮层。在视黄醇的透皮吸收研究中也同样发现了 Pickering 乳液相比传统乳液具有更好地促进渗透效果，且 Pickering 乳液适合用于将活性成分靶向皮肤表面及缓慢释放活性成分至皮肤深层。笔者课题组利用疏水改性的蜡质玉米淀粉稳定 Pickering 乳液并包埋活性成分辅酶 Q10，结果表明 Pickering 乳液可促进透皮吸收。

随着科学技术的发展与物理、化学、医药等学科交叉借鉴，载体技术获得了很大发展。载体技术能有效解决产品剂型受限、肤感黏腻、易变色、气味大等问题。目前在医药及化妆品领域应用及研究较广泛的载体技术形式主要有环糊精包合物、脂质体、固体纳米脂质粒、聚合物胶束、微乳液、微胶囊、纳米纤维、多孔聚合物微球等。载体技术形式有很多，通过各种载体技术的结合又能够创造出新的载体技术形式，如微胶囊包裹的固体纳米脂质粒、脂质体装载的环糊精包合物等。

三、前景与展望

目前，在化妆品中广泛应用或尚在初始研究阶段的缓释技术和载体技术均存在一定不足，化妆品研发工程师在应用时需要根据配方需求进行筛选。缓释技术和载体技术可以促进化妆品的形式创新及肤感提升，并满足功效诉求，能够实现化妆品的差异化，提升品牌技术含量与价值。但同时也应提高化妆品透皮吸收程度的把控，避免过度追求效果，强力促透，超过化妆品规定的限度。

新的透皮传输技术改变了活性物质透皮吸收的方式，但是需要特别注意安全问题。同时，载体技术的研究成本相对较高。化妆品企业可与医药、食品、原料公司合作研究，这样跨学科融合、共同开发更有前景的技术，进一步推动化妆品行业的发展。

第三节　皮肤本态

一、皮肤本态概述

皮肤是人体同外界直接接触的器官，同样也是人类展现于外界最为直观的体现。皮肤可以防御外界影响、反映人体内部健康、展现个人外表特征。皮肤的好坏与否，不仅仅是个体美观的体现，更重要的是反映自身机体的内在状态。本态，意指原来的容貌，最为原始的状态。唐代白居易在《时世妆》诗中有云："妍媸黑白失本态，妆成尽似含悲啼。"去除掉妆饰后的皮肤状态，即谓本态。因此，皮肤本态的概念可以理解为：去除掉妆容、污渍，人体皮肤所呈现出最为真实、客观且直接的状态。皮肤本态不仅能够反映个体的皮肤特征，同样也能够表征出个体的身心健康状况。

皮肤本态的概念是具有普适性的，它能够指代所有人的皮肤原本特征；同时，它又具有独特性，不仅可以呈现每个个体的皮肤状态特征，同时也会受到各个方面的影响，如人种、地域、年龄、性别、生活习惯等。目前化妆品市场的欧美化妆品厂商针对白种人的皮肤特征和需求设计研发的化妆品产品，并不一定能够满足亚洲人群的需求，也不一定能够在亚洲人群的皮肤上实现其功效。中国是一个地域广阔、气候条件多样、少数民族众多的大国，这也造就了中国人皮肤差异性的广泛存在。这种差异的存在更加能够说明中国人有着异于欧美人群的皮肤特征。而目前国内外化妆品企业大多是套用欧美人群皮肤特征来进行研发，未能系统、全面性地了解属于中国人真正的皮肤特征，因此开发出的产品也未必能做到真正适合国人的皮肤。这些问题和差异性的存在，使得针对中国人皮肤本来状态的了解和探究就显得更为重要。

那我们该如何了解属于中国人的皮肤本态？什么样的皮肤才是皮肤状态中所谓的好皮肤呢？长久以来，传统的做法大多是人们的主观判断，那所谓好皮肤具体好在何处？随着科学技术不断发展，皮肤的状态可以通过各种客观的指标测量结合主观经验的判断来进行分析和阐释。目前，我们利用各种现代化仪器对皮肤的生理学指标进行测试、分析，结合主观问卷、视觉观察等方式，便能够有效地分析皮肤的本态特征。

从化妆品学科的基础研究出发，结合皮肤医学、流行病学、统计学、药理学等学科技术手段，对中国人的皮肤表观生理状态进行初步研究即是中国人皮肤本态研究的核心。从归纳中国人皮肤特征出发，围绕皮肤表观生理指标测试相关的方法、理论、实例等对皮肤水合率、经皮失水率、色度、纹理度、弹性等表观指标进行测试，归纳中国人皮肤特征，并推演出不同年龄段皮肤状态及各项指标的变化趋势及情况，总结出不同人群或不同症状人群的皮肤本态，为化妆品配方师研发更有针对性的护肤品提供科学依据。

对皮肤本态数据的采集以及相关的研究，最重要且直观的应用是阐述人群的皮肤生理状态，并且分析出影响这些状态、特征、表观指标的因素。随着现代科技的进步，越来越多的仪器和方法被开发出来并应用于皮肤本态的测试，将这些不同仪器测试得到的不同指标整合起来就能够在不同维度描述皮肤状态。目前，

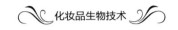

用来描述皮肤生理状态的指标有多种，常用的有水分含量、水分散失、油脂含量、pH 值、皮肤弹性、皮肤色度、光泽度、黑色素、红色素、毛孔大小、粗糙度等。通过对这些指标综合分析，便能对人群的皮肤类型，肤色状态，以及年龄、季节等因素对皮肤的生理状态的影响进行细致且深入的研究。

二、皮肤本态与化妆品设计

现阶段，护肤品已经成为人们日常生活必需品，也是大健康产业的组成部分之一。如何运用科学思维引导适合中国人皮肤的化妆品产品开发？不同的人会有不同的思考和理解。要设计出适合中国人皮肤的化妆品，首要工作便是了解中国人真正的皮肤状态和特征。以中国人皮肤本态特征为基础，设计研究出适合中国人皮肤特征及具有中国文化特色的化妆品功效原料，并进行生产转化形成经济效益。

笔者团队设计了一套专业性强、独特性高的化妆品开发理论体系，并以此指导未来护肤产品和技术的整体规划与开发，不断推出设计新颖、功效突出的护肤技术与产品。主要指导思想及理论基础如下：

① 中医药传统文化及思想。中医学是以中医药理论与实践经验为主体，以预防、诊断、治疗、康复和保健为目的研究人类生命活动中健康与疾病转化规律的综合性科学，至今已有数千年的历史。中医药在化妆品上的应用，并不仅仅是简单的中草药成分配方添加，而是中医学中的思想精髓及内涵同化妆品科学有机地结合并且发展。以中医理论中的几大理论作为指导基础，对中国人群的皮肤本态进行细致研究，随后根据研究结果进行相关功能的植物组方功效原料的开发研究。

② 皮肤生理学。对皮肤的生理结构及各不同结构的生理学功能进行研究。阐述各不同类型皮肤的发生形成机制及相关生理学过程、涉及到的通路及蛋白质、酶激素及其调控基因。

③ 统计学及流行病学调查手段。流行病学调查是指用流行病学的方法进行的调查研究。主要用于研究疾病、健康和卫生事件的分布及其决定因素。通过这些研究提出合理的预防保健对策和健康服务措施，并评价这些对策和措施的效果。主要包括观察性研究、实验性研究及数学模型研究。流行病与统计学方法基本原理可以简述为：用收集、整理、观察和分析数据资料的方法，从群体和环境的宏观角度来研究有关健康问题，为公共卫生的实际需求服务。通过运用流行病学及统计学的方法手段，对中国不同人群不同地区进行皮肤本态的研究，以期找到中国人皮肤的状态特性及规律，从而指导适合中国人的化妆品开发。

④ 计算机辅助药物筛选技术。应用信息科学的理论，以计算机为主要工具，对中药学信息流全程中的信息运动规律和应用方法进行研究，以扩展中药工作者思维功能为目的而建立的信息科学技术。而网络药理学的定义则为：基于系统生

物学理论，分析生物系统的网络，选取特点信号节点进行多靶点药物分子设计，从系统生物学和生物网络平衡的角度阐释疾病的发生过程，强调对信号通路的多途径调节。通过运用这几项计算机辅助药物筛选技术，能够有效便捷地根据生物标志物及受体靶点筛选具有特定功能的化合物。通过有机结合以上各学科理论基础及技术手段，形成了从皮肤本态值测试—皮肤本态研究—皮肤生理学研究—组方设计—功效验证—产品开发的整体化研发流程（图4-1）。

图 4-1　研发流程

三、皮肤本态测试方法

　　皮肤测试在化妆品行业中的应用十分广泛，其中目前最为熟知的是化妆品的功效评价。除此之外，皮肤的测试还能运用于皮肤本态研究，即采集皮肤各方面指标的数据，建立相应的数据库，并针对某组数据进行不同统计学方法的研究，找寻皮肤状态呈现的规律并加以解释和利用。本节将介绍皮肤本态测试中使用到的部分仪器及其操作原理、测试数据的统计方法和建议的整个皮肤本态测试大体

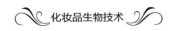

流程。

广泛考评国内外皮肤研究相关文献所介绍的皮肤本态测试方法及仪器后，笔者团队结合实际工作情况设计的皮肤本态测试流程如下（图4-2）。

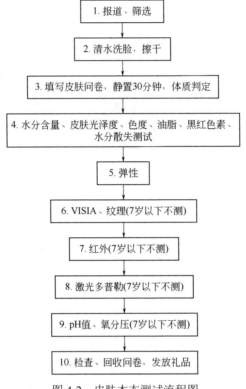

图 4-2　皮肤本态测试流程图

1．皮肤本态测试使用仪器

随着现代科学技术的进步，观测皮肤结构和功能变化的仪器设备逐渐发展升级，已可实现皮肤结构与功能的无创性观测，并逐渐发展形成了一套比较完善的横跨工程技术与皮肤科学的全新皮肤检测系统。生物物理技术已被广泛用于研究人类皮肤生理学的各种变化中，且这些技术通常都配备了非侵入式探针。随着这类技术的不断完善和发展，皮肤无损观测在皮肤药代动力学、皮肤疾病研究等多个领域中显示出举足轻重的地位。而对于化妆品行业来说，无创无损的皮肤检测技术可使受试者了解自己的皮肤状况，更能为宣称具有保湿、美白、抗衰老等功能的化妆品进行功效评估提供客观的数据。常见的皮肤本态测试有皮肤屏障功能的测量、皮肤颜色的测量、皮肤纹理弹性的测量、皮肤微循环的测量等。

（1）皮肤屏障功能的测量

皮肤屏障功能在维持机体内环境的稳定、抵御外环境的有害因素方面具有重要的生理意义。屏障功能受损，对外界刺激的抵御能力降低，会导致疾病的发生。监测与皮肤屏障功能相关的参数可以掌握疾病的发展。另外，皮肤屏障功能状况的动态观察对疾病疗效的判断、化妆品的功效性和安全性评价均有重要意义。经皮水分含量常与经皮失水、皮肤表面 pH 值、皮肤表面脂质等参数共同被认为是评价皮肤屏障功能的重要测量指标。由于多项因素均可影响皮肤的屏障功能，因此临床中需要综合分析各项参数，才能对皮肤的整体状况作出客观的评估。

（2）皮肤颜色的测量

临床色素性疾病的医学诊断、治疗效果评价，化妆品中美白成分的人体验证等过程均需要简便、精确地评价皮肤颜色。现代科学技术的进步推动了测量皮肤颜色方法的不断更新，出现了许多无创伤性皮肤颜色评估的技术和仪器。

目前，很多客观分析皮肤颜色的仪器已经进入市场，得到较多应用的是反射光谱分析技术，应用于皮肤颜色测量已有 50 多年的历史了。其基本原理是用光度计测量皮肤对每一波长光的反射率，从而获得被测颜色表面的分光光度曲线。也可将测得值转换成其他颜色空间系统值，如 CIE XYZ、CIE Lab 颜色空间。主要应用有三刺激值色度计、窄谱分光光度计和扫描反射分光光度计等，尤其前两者使用较多。目前常用的三刺激值色度计有 Photovolt Colorwalk 色度计（Photovolt，UMM 电子公司）和 Minolta Chromameter（日本，美能达公司）。

对皮肤黑红色素值的测量基于光谱吸收的原理，皮肤中的两种基本色素——黑色素和血红素分别有不同的吸收光光谱曲线（血红素对绿光有吸收高峰，但基本不吸收红光，而黑色素对所有波长光均有吸收作用）。通过测定特定波长的光照在人体皮肤上的反射量来确定皮肤中黑色素和血红素的含量，结果用黑色素（MI）和红斑（EI）指数表示。常用仪器有 Derma Spectrophotometer（Cortex 技术）和 Mexameter（德国，Courage&Khazaka）。

面部整体成像则需要 VISIA 皮肤检测仪，它拥有 Mirror 医学成像软件，能对皮肤的病理学特征进行定量分析。运用先进的光学成像，不仅可以检测已经暴露在肌肤表面的问题，还能够通过定量分析将隐藏在皮肤基底层的问题直观地展示出来。通过 VISIA 拍摄，可即时测出和分析受试者皮肤下 2mm 内的红血丝、色斑、紫外线斑、油脂点、荧光残留等，并可随着时间的变化持续测量和监控。

（3）皮肤弹性、纹理的测量

皮肤的纹理和弹性是影响皮肤状态的重要因素。皮肤弹性无创性评价把皮肤弹性的研究加以量化，使皮肤弹性的评价有了客观的标准。近年来国外采用无创方法分析皮肤弹性，并以此作为整形手术、皮肤激光治疗及保湿抗皱、延缓衰老化妆品效果评价的重要指标。皮肤纹理的评价方法则主要应用皮肤三维扫描仪，

通过深浅、粗细和分布三个维度分析皮肤表面纹理的情况。

皮肤弹性的测试中，基于吸力原理的测试仪使用较广泛。这类测试仪的探头内有中心吸引头及测试皮肤形变的装置，可以发射和吸收光波、声波及超声波。测试时，吸引头持续产生的较低吸力会使皮肤拉伸，吸力消失后，皮肤形变消失。皮肤随时间和拉力的变化可以由测试形变的装置测得，然后根据得到的曲线进行分析。此类测量方法的代表仪器是 CK 公司的 Cutometer 系列。

皮肤三维扫描仪是一种基于波纹投影原理的系统，设备包括 3 个补充镜头，在扫描局部皮肤后，经软件处理形成 3D 数字模型。经分析后可得皮肤纹理度、毛孔、眼袋、皱纹、细纹等数据，皮肤的质地可通过纹理度值体现。它是一种非接触的快速测量方法，能进行三维皮肤快速成像，采用蓝色光源、高分辨率的镜头和条纹投影器可以进行调整和固定，使整个系统更加稳定、精确和可靠。

（4）皮肤微循环的测量

皮肤的微循环是一个复杂的动力系统，对皮肤颜色、温度调节、皮肤代谢和透皮转运起着非常重要的作用。研究表明，皮肤某一部位的颜色依赖于这个区域的血流程度，皮肤血流和皮肤颜色之间存在着间接的、非恒定的关系。所以，测量皮肤血流比测量皮肤颜色能更加客观和准确地评价皮肤炎症反应，试验的结果更加可靠。有很多技术可用于进行皮肤微循环的测量，比较常用的有激光多普勒成像仪、体积描计法、毛细血管显微镜等，还有荧光示踪、红外热成像、热传导、放射性核素氙清除等，都可用来测量皮肤微循环血流。在这些技术中，激光多普勒成像仪应用最广泛，放射性核素氙清除在皮肤研究中很少使用。

红外热成像仪利用红外探测器和光学成像物镜接受被测目标的红外辐射能量分布图形，将不可见红外能量转变为可见的热图像。热图像上的不同颜色代表被测物体的不同温度，从而可以观察到受试者的整体温度分布、产热散热状况。

激光多普勒成像仪是利用激光多普勒原理，监测人体组织微循环（包括毛细血管、微动脉、微静脉和吻合支血流灌注量）的一种设备。笔者实验室采用的是非接触式扫描式血流成像仪，不接触监测对象（距离 15cm 以上），监测深度约为 1～3mm，通过扫描一定区域内的血流，得到该区域的血流图像，观测受试者的皮肤组织血流微循环状况。

经皮氧分压是指通过氧电极经皮肤测定的毛细血管血氧分压。皮肤角质层细胞内含有大量角蛋白丝，其所形成的天然屏障可以防止各种理化因素及微生物的侵入。但在温度升高的情况下，该屏障结构发生改变，气体更易于透过皮肤。正常情况下，血液中的氧在被组织消耗后，通过皮肤释放出来的氧很少，但通过加热局部皮肤，可使皮肤的通透性发生改变、毛细血管扩张，使其接近动脉血。因此，通过将加热电极置放于皮肤表面可以了解组织的氧合情况及血流灌注状态。近年来，有文献报道，经皮氧分压与血气中的氧分压有较好的相关性。因此，经皮氧分压可为微循环障碍的识别提供有力的依据。

目前国内市面上进行皮肤相关研究的仪器几乎全部源于进口，德国 CK 公司的系列仪器更是占据半壁江山且已十分成熟完备，国内厂家很难挤占市场。近年来，国内民众生活水平不断提高，美容护肤意识逐渐增强。随着美颜相机等产品在人脸识别研究方面的进展，我国市场涌现出了许多小型手持皮肤检测仪及配套的 APP。但是这类产品目前来说较为粗糙，仍需要不断改进完善。相信随着国内科技水平的不断提升，该类型的产品研发势必将更为成熟完善，为中国企业在皮肤测试仪器领域开辟出一条新的路径。

2．皮肤本态测试流程

（1）招募符合条件的受试者

对各地区、各年龄、各职业、各民族有意愿参与测试的人员，均报以热情的态度、严谨的操作、科学的方法。受试者条件：符合 2007 年《化妆品接触性皮炎诊断标准及处理原则》的纳入、排除标准。其中受试部位未附着化妆品。

（2）皮肤测试

符合纳入、排除标准的受试者在实验人员的指引下，清洁受试部位（使受试部位不着任何化妆品），并在测试要求环境［恒温恒湿实验室：温度（22±2）℃；湿度：（50±10）%］中静坐 20 分钟，期间不能做剧烈运动。待受试部位温度等指征恢复，受试者心率、情绪等体征平稳，方可进行后续工作。测试后填写问卷，按照指定顺序进行各项皮肤表观生理指标的测试。

（3）数据处理

皮肤本态测试采集得到的数据需要进行进一步的分析处理及研究，才能以更为直观的形式展现。在皮肤本态的研究中，为了使皮肤的状态及其变化现象描述得更具科学性、逻辑性、客观性和可重复性，常采用数学模型，例如一般线性回归模型、主成分分析、logistic 回归模型、多指标综合评价方法及权重系数的选择、Elman 网络、灰色关联分析、SVM 神经网络、Maximum Likelihood Classifier 极大似然方法、BP 神经网络、方差分析、T 检验等数学模型。

笔者研究团队经过研究已开发一种基于皮肤测量的体质类型评估方法及评估系统。在该评估方法中，首先采用皮肤检测仪器对用户的皮肤状况进行测试，获得表征皮肤状态的多项生理指标；而后根据各项生理指标，采用 BP 神经网络和主成分分析法生成模型，将模型的评价结果与多位中医师的专家评分结果进行比较、优化；最后基于模型，可以对用户的体质类型进行综合评价。利用本章结果，可以通过对皮肤状态的综合测量和评价，科学客观地判断出人的体质类型。该评估方法及评估系统不仅准确率高，而且可以利用现有的计算机设备独立进行，完全摆脱了对中医师个体经验的依赖，便于大规模推广应用。详情可见《皮肤本态与

化妆品设计》一书。

四、前景与展望

2021年，《化妆品监督管理条例》的实施标志着化妆品立法与监管进入了全新的时期，以全新行业风气引领的"美丽生态"正在构建。在《化妆品监督管理条例》中也明确了"国家鼓励和支持化妆品生产经营者采用先进技术和先进管理规范，提高化妆品质量安全水平；鼓励和支持运用现代科学技术，结合我国传统优势项目和特色植物资源研究开发化妆品"的政策导向。随着行业的发展与人民生活水平、消费意识的变迁，化妆品以时尚快速消费品的定位已成为当前国家"美丽经济"的重要组成部分。开展中国人皮肤本态研究和中国特色植物资源化妆品相关领域的研究，既能发挥中国植物资源优势，提高化妆品产品技术含量与竞争力，也能迎合消费者推崇和认可的化妆品使用原料源自天然植物成分的市场趋势，还能成为落实化妆品法规与政策要求、实现产业高质量发展的强大推动力。

目前，中医药在化妆品植物原料领域的研究尚处于起步阶段，秉承以人为本的思想，以中国人皮肤本态特征为核心，设计研究适合中国人皮肤特征及具有中国文化特色的化妆品功效植物原料，并进行生产转化，形成具有经济效益的研发流程，是一条具有中国风格、民族特色的道路。对于指导化妆品研发人员如何聚焦适合中国人群的化妆品将提供很好的材料。

第四节　皮肤微生态

一、皮肤微生态概述

皮肤微生态是寄居在人体体表以及与外界相通腔道的微生物群落，它与人体相互依存影响，也为皮肤黏膜发挥生理功能提供了微生态环境。多年的研究表明：皮肤表面栖居着细菌、真菌、病毒、衣原体和某些寄生虫等，它们与人类在共同的历史进化过程中形成了独特的生态结构，即皮肤正常微生物群。与皮肤物理和化学屏障一样，皮肤微生态是皮肤屏障功能重要的组成部分，它与皮肤免疫系统结合，成为皮肤微生物屏障。

人出生不久，皮表即有细菌开始生长、繁殖，其中一部分菌群长期存留，为皮肤常驻菌，如表皮葡萄球菌、痤疮丙酸杆菌等；还有一部分菌群暂时存在，称为皮肤暂驻菌，包括金黄色葡萄球菌、革兰阴性菌等。这些菌群共同组成了皮肤微生态环境，各菌群之间共生或拮抗，在正常皮肤表面保持着良好的平衡。当机体受创伤、感染或免疫系统紊乱时，常驻菌群分布会发生改变，微生物之间平衡被打破，微生态环境被破坏，导致致病微生物大量繁殖，皮肤疾病就会出现或加重。

正常微生物群对维持机体的生理机能发挥着积极作用，任何物理或化学因素所导致的微生物环境失调都会对机体的健康造成影响。因此人体微生态环境的优劣与集体的健康状况密切相关，直接影响人的生命过程和质量。如肠道菌丛可维持肠道微生态平衡，对人体的营养、老化、感染、免疫系统、甚至器官组织癌变等都能产生极大的影响。

皮肤作为人体表面积最大的器官，同样栖居着多种微生物群。大部分微生物对机体无害甚至有益，它们根据皮肤表面不同的生态环境而定植，与皮肤表面组织细胞之间维持着微妙的平衡。当这种平衡被扰动甚至打破时，皮肤表面屏障受到影响，可能产生皮肤病或发生感染等。皮肤微生物在影响皮肤健康的同时，其定植也受到皮肤自身环境的影响。根据生理特点差异，皮肤表面可分为干性区、油性区和湿润区。不同区域定植微生物种类不同。健康人油性区以痤疮丙酸杆菌属和葡萄球菌属为主；湿润区微生物多样性最高，以棒状杆菌属为主；干性区则以一些革兰氏阴性菌为主。

随着研究的深入，人们愈发意识到皮肤微生物群落发生转变可能会成为导致皮肤疾病等问题的诱因。目前化妆品已成为人们日常生活的必需品，化妆品的使用成为扰动皮肤表面微生态平衡的重要因素。因此，了解皮肤微生物群落的结构特点以及化妆品对皮肤表面微生态的影响和相互关系，有助于进一步了解皮肤健康、感染或疾病的作用机理。以此作为理论基础有助于寻找化妆品配方体系开发的新方向并全面认识和评估化妆品对人体健康的影响。

微生态是指定居在人体不同"生态区域"的微生物体系。微生态系统由正常微生物群与人体微环境组成。皮肤微生态系统是由各类微生物、皮肤表面的组织细胞及各种分泌物、微环境等共同组成的整体，它们维持着皮肤微生态平衡，在皮肤表面形成一道生物屏障，对机体的健康具有重要的生理作用。

皮肤的正常菌群分为两类：一类由相当固定的群落组成，有规律的定居于特定部位和特定年龄，故称为原籍菌（又称常驻菌）；另一类为暂时寄居，称为过路菌。

正常皮肤的微生态系统视个体年龄、性别、环境的情况而异，其中得到共识的优势菌群有球菌、杆菌和真菌。皮肤微生态系统中最主要的两大优势菌为表皮葡萄球菌和丙酸杆菌，同时也是皮肤很多生理活动的物质基础。

近年来很多研究表明，皮肤为菌群提供适宜的生存场所，同时这些菌群间的相互作用也为宿主提供了直接或间接的保护。此外，微生态菌群间还能产生共生拮抗作用，抑制有害菌的滋生，保护宿主皮肤及其健康。皮肤的微生态菌群彼此相互依靠、相互制约，形成稳定、和谐的生物屏障保护机体的健康。

当被感染宿主的皮肤微生物群和皮肤、环境、菌群处于异常与不协调的病理

状态，即失衡状态时，就称其为微生态失调。微生态失调可直接导致感染反应，有内源型和外源型两种类型。外源型主要来自外袭菌的侵入，将形成新的感染；内源型主要来源于正常微生物群的比例失调、定位转移和二重感染。

痤疮是典型的微生态失调引起的内源型炎症。调查发现，痤疮患者皮损区的棒杆菌、痤疮丙酸杆菌、产色素微球菌及需氧革兰氏阴性杆菌数量均高于健康皮肤。这是因为当皮脂腺分泌旺盛时，表皮的皮脂增多，微生物在毛囊中生长，导致脂类累积而形成脂栓并堵塞毛囊。当毛囊完全堵塞时，痤疮丙酸杆菌在这种营养丰富且氧分压低的环境中迅速繁殖，即形成粉刺。

另有研究表明黄褐斑的发生与皮肤局部微生态失衡具有关联性，认为皮肤对细菌某些代谢产物可能有吸收沉积作用。研究发现黄褐斑患者皮损区的痤疮丙酸杆菌活菌数明显低于正常皮肤，而过路菌棒杆菌、需氧革兰阴性杆菌、微球菌及其他产色素的微球菌活菌明显高于正常皮肤。可能是由于常驻菌痤疮丙酸杆菌数量明显减少，皮肤对外来菌的抵抗力下降、菌群之间的竞争性抑制作用和干扰现象减弱导致产色素微球菌大量繁殖，并与表皮黏附、结合，产生的色素超过皮肤局部的自净能力，被皮肤吸收并沉积于表皮内。这表明黄褐斑的形成与皮肤菌群改变即微生态的紊乱和失调有关。

特应性皮炎是由皮肤干燥及屏障功能受损所导致的慢性瘙痒性皮肤炎症性疾病。既往对细菌 16sRNA 和 16sDNA 区的测序分析结果显示，特应性皮炎患者皮肤中细菌群落结构发生紊乱，细菌微生态的整体多样性降低，葡萄球菌属相对增多，特别是金黄色葡萄球菌比例明显增加，并且与特应性皮炎严重程度正相关。金黄色葡萄球菌可通过产生肽链形成生物膜形成定植，以及释放 δ-毒素诱导肥大细胞脱颗粒诱发皮肤过敏反应。对特应性皮炎患者皮肤样本中的真菌 rDNA D1/D2 区域序列（LSU）基因组进行序列分析显示，患者皮肤中马拉色菌属仍为主要菌属，占 63.2%～72.7%，其中限制马拉色菌和球形马拉色菌在患者和健康人中含量均最高，而二者的含量比在不同严重程度患者皮肤中具有差异。其中轻度特应性皮炎患者最高[含量比＝(3.1～3.4)∶1]，高于中度和重度特应性皮炎患者[含量比分别为(2.1～4.1)∶1 和(1.1～1.4)∶1]。此外，患者皮肤中非马拉色菌属酵母菌的多样性增加，并且与病情严重程度呈正比，其中白念珠菌、阿萨希毛孢子菌、异常维克汉姆酵母等酵母菌在患者中检出率增高。主坐标分析显示，健康人、轻中度患者和重度患者在 PCoA 维度上具有差异，说明真菌微生态的改变与疾病严重程度相关。

银屑病是一种皮肤慢性炎症性疾病，其原因包括遗传易感性和环境暴露。既往皮肤细菌微生态的研究已证实，银屑病的发生与溶血性链球菌定植和葡萄球菌超抗原激活 T 淋巴细胞相关，而其他可能的相关微生物还包括金黄色葡萄球菌、马拉色菌、白念珠菌和人乳头瘤病毒。

脂溢性皮炎是一种常见的皮肤疾病，表现为红斑上覆着油腻的黄色鳞屑、结痂，常累及头皮、耳后、眉弓、鼻唇沟和前胸等皮脂腺丰富部位。既往基于培养的研究认为糠秕马拉色菌为脂溢性皮炎的主要致病菌，而分子学研究则显示，与脂溢性皮炎的发生相关的真菌主要是球形马拉色菌和限制马拉色菌，并且与其中特定亚种相关。对脂溢性皮炎患者头皮皮肤的高通量测序研究证实，相较于健康头皮皮肤，患者头皮中含量最高的真菌分别是担子菌和子囊菌，但患者子囊菌门的支顶孢属和青霉菌属的含量明显升高。研究发现，脂溢性皮炎患者皮损中限制马拉色菌含量最高，球形马拉色菌次之，合轴马拉色菌、厚皮马拉色菌仅在少数样本中测出，另有 3 个新马拉色菌属种型与脂溢性皮炎的发生有关。令人意外的是，糠秕马拉色菌遗传物质在皮肤中含量较低，甚至在部分标本中通过高通量测序方法未被检出，但这一结果可能受到取材方法等因素影响。此外，马拉色菌菌种水平微生态结构相近的样本中，亚种水平构成仍有较大区别，但亚种与疾病间的关系尚需进一步研究。

对头皮屑患者的研究同样表明头皮微生物种群及数目的变化会改变皮肤屏障功能，而屏障功能的改变又会对微生物的定植产生影响，二者共同参与头皮屑的发病过程。以往认为其致病的主要菌种为限制性马拉色菌和球形马拉色菌。然而近期研究发现，头皮屑与表皮葡萄球菌定植增加和痤疮丙酸杆菌定植减少也相关，并且头皮屑患者头皮的痤疮丙酸杆菌与表皮葡萄球菌的比例低于健康头皮者。

二、皮肤微生态与化妆品设计

皮肤微生态研究给化妆品配方研究带来新的切入点。一方面，化妆品的防腐体系在化妆品配方体系下抑制微生物的生长时，也可能在使用时对皮肤常驻菌群造成破坏和杀灭，扰乱皮肤的微生态平衡，对皮肤健康造成不良影响。

化妆品是与皮肤接触最多的个人护理用品，营养物质丰富，很容易受到细菌、霉菌等微生物污染，使其颜色和气味等理化性质发生改变，导致产品质量下降，甚至会由于病原性微生物污染而危害人体健康。

为了减少微生物污染，化妆品配方中常使用防腐剂来防止产品被污染。化学防腐剂因生产方便及防腐性能优效在化妆品中应用较为广泛，按其化学结构可分为四类：醇类、甲醛供体和醛类衍生物、苯甲酸及其衍生物、其他有机化合物。

防腐剂的抑菌机制不同，不同的防腐剂对不同的皮肤微生物也表现出不同的抑制效果。从产品质量安全角度出发，防腐剂必不可少，但从皮肤微生态平衡的角度，合理选择对皮肤微生态平衡扰动较小的防腐剂则对维护皮肤健康有重要意义。首先可以筛选一些微生态友好的防腐剂。在已公布的化妆品目录中采用常规方法，如短期防腐挑战试验，筛选对常见致病菌抑制而对皮肤常驻菌影响较小的

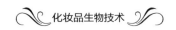

防腐剂，以维持皮肤微生态平衡。张美娇等人用纸片法研究薰衣草精油和芦荟水提物对痤疮患者面部主要细菌的抑制作用效果时发现，薰衣草精油对痤疮丙酸杆菌有明显的抑制作用，对表皮葡萄球菌无抑制作用；木立芦荟水提物对痤疮丙酸杆菌无抑制作用，对表皮葡萄球菌则有促进作用。

目前认为，化妆品能够通过以下 3 种方式发挥作用：①外用益生菌（topical probiotics）。益生菌是能为宿主提供益处的活菌（例如双歧杆菌、乳酸杆菌和线状透明颤菌）。如果将其加入某些食品中，食用后将有利于宿主健康。与食品中添加的益生菌不同，在化妆品中使用的大多是益生菌的碎片或萃取物，微生物本身会在生产过程中被溶解，因此化妆品中不含活菌。迄今为止的临床研究表明，外用益生菌可以通过影响皮肤微生物组的组成，起到改善皮肤状态的作用。②外用益生元（topical prebiotics）。益生元是可以被共生菌吸收的特定营养物质（例如糖类），可以促进共生菌的繁殖和生长，有利于宿主皮肤健康。③外用后生元（topical postbiotics）。后生元是微生物产生的一种小分子代谢产物（例如短链脂肪酸），其作用是参与微生物与微生物之间、微生物与皮肤之间的信息交流和沟通，为共生菌营造理想的生存环境以及激发和促进皮肤应答反应。在肠道中，不能被人体所消化的果糖和半乳糖能够在肠道微生物发酵作用下产生短链脂肪酸，从而促进乳酸双歧杆菌和乳酸杆菌生长，有益宿主健康。同理，通过局部外用含有能够直接提供这些益处的营养成分和原料的化妆品是一种可靠的策略，且已被运用到化妆品研发中。

皮肤微生态研究所提供的新研究切入点主要来自两个方面。一方面，化妆品中大量使用防腐剂和抗菌剂所带来的安全隐患，将成为配方安全评估的切入点。化妆品中的防腐、抑菌剂在抑制化妆品配方体系中的微生物生长的同时，也可能在使用时对皮肤常驻菌群造成破坏和抑杀，扰乱皮肤微生态平衡，引起各种皮肤疾病，对皮肤健康造成隐患。另一方面，维持合理的菌群比例，由菌群共生作用达到皮肤微生态系统平衡可成为日后治疗皮肤病的新型有效的方法。如将痤疮丙酸杆菌和表皮葡萄球菌的数量和比例都调整到合理、平衡的水平，从而治疗和改善痤疮、皮屑、色素沉积等皮肤疾病。此类产品相比传统的单纯抗菌产品会具有更好的皮肤兼容性和疗效的持久性，不会产生刺激皮肤、引发二次感染、耐药造成病情加重等不良影响。

三、皮肤微生态的检测

不同地域、不同种族、不同年龄等人群的皮肤微生态均有各自的特点。以往我们总是一味地使用杀菌剂来消灭皮肤微生物，而这可能扰乱皮肤正常的微生态平衡，破坏皮肤本底健康。现在越来越多的研究已经证实，皮肤微生态与皮肤健康息息相关，维护微生态平衡是保障人们皮肤健康的重要基础之一。环境中的微生物决定了生态功能的强弱和特性，在系统稳定性维持等方面起着举足轻重的作用。微生物的群落结构及其多样性是微生物生态学和环境科学研究的重点内容，对阐明微生物群落与其生存环境的关系，揭示群落结构与功能的联系，从而指导微生物群落结构功能的定向调控具有重要价值。高通量测序技术的产生以及分子生物学的发展促使人们重新认识皮肤微生态。

高通量测序技术可进行大规模平行测序，是将 DNA 随机片段化、加接头，植被测序文库通过对克隆文库中的基因片断进行延伸反应，检测对应信号，最终获取序列信息。高通量测序在处理大规模样品时具有显著优势，是目前组学研究的主要技术。目前已有研究对足部皮肤、手掌面皮肤的微生物组群进行研究，但对皮肤微生态的整体研究尚不丰富。

首先，皮肤不同部位的微生物组成存在差异。对来自健康志愿者 20 个不同部位的细菌进行分析。基因测序结果显示，在前额、耳后、背部和褶皱等皮脂腺丰富的区域，痤疮丙酸杆菌和葡萄球菌占主导；在湿润的部位，如腋下，棒状杆菌属占主导；在皮肤的干性区域，如前臂和大腿，则存在普氏菌属、卟啉单胞菌属和黄杆菌属，且比前额微生物多样性更高。其次，成人和儿童皮肤微生物组成也不相同。采用 16sRNA 测序，发现儿童鼻孔优势菌为厚壁菌门（葡萄球菌属、链球菌属）、拟杆菌门和变形菌门，而健康成人鼻孔则为放线菌门（棒状菌属、丙酸菌属）。再次，男女皮肤微生物组成同样存在差异。女性手部细菌数量较少，但细菌多样性要显著高于男性，且群落结构不同（$p<0.001$），男性棒状菌属和丙酸菌属显著高于女性，而女性肠杆菌目、莫拉菌科、乳杆菌科及假单胞菌科则高于男性。此外，种族和地域等因素也影响着皮肤微生物的组成。

四、前景与展望

近年来在化妆品原料的开发和选择中出现了一个新的品类——生物制品类，其中主要是可以对皮肤微生态起到助益作用的成分，如益生菌及其发酵代谢产物。这类化妆品原料通常具有亲水性和良好的保湿效果并能促进皮肤的新陈代谢，起到修护皮肤的作用。较为著名的有：SK-II 品牌特有的"Pitera"成分是一种半乳糖酵母样菌发酵产物滤液，雅诗兰黛小棕瓶精华露的核心成分"Bifida"是一种二裂酵母发酵产物溶孢物，可提高皮肤表面有益菌丛的活性，调节皮肤生理活动，促进新陈代谢。此类产品的热销显示了消费者对此类原料的接受度和满意度。此类调节皮肤微生态环境的原料将具有长足的发展。

高通量测序技术的出现和分子生物学的发展，促使人们重新认识皮肤的微生态。不同地区、不同种族、不同年龄的人的皮肤微生态各有特点。以往我们总是

一味地使用杀菌剂来消灭皮肤微生物，而这可能扰乱皮肤正常的微生态平衡，破坏皮肤本底健康。现在越来越多的研究已经证实，皮肤微生态与皮肤健康息息相关，维护微生态平衡是保障人们皮肤健康的基础。化妆品直接与皮肤接触，其所发挥的作用与皮肤健康密不可分。21 世纪是生物大数据飞速发展的时代，随着我国精准医学科研项目的逐步落地，医学正在向精准医学方向阔步前行。在此基础上，皮肤护理也应当由传统的"小白鼠"式的由消费者不断尝试来选择适合自身肤质的化妆品发展为根据自身皮肤特点、微生态组成等客观指标来选择适合个人的化妆品。未来化妆品的研发，尤其是面部护肤品的研发更是如此。例如，痤疮皮肤与健康皮肤微生态显然不同，因此在研发此类化妆品时应该谨慎考虑抑菌成分，达到"扶正祛邪"的目的，即扶持有益于皮肤健康的微生物，抑制造成皮肤紊乱的病原菌，以达到动态平衡。

针对不同种族、不同地域、不同年龄等因素下人体皮肤微生态的特点，开发适用于不同人群的化妆品，以达到"精准护肤"的目的，不仅是时代发展的需要，更是保障人体皮肤健康的需要。随着皮肤微生态研究的不断拓展和深入，皮肤微生态理论必将为化妆品的研发提供更多指导，使皮肤由本及外的健康、美丽。

综上所述，皮肤微生态的研究可以为化妆品配方的功效、安全性评估提供新的研究切入点和新视角，同时也可为化妆品配方体系的开发提供新的观念和方向，其研究成果将具有广阔的应用前景。

第五章　化妆品功效性评价与生物技术

05 Chapter

近年来，随着生物技术在分子生物学、医药等领域的快速发展，生物技术和生物制剂在化妆品原料的研发、化妆品的安全性和功效性评价等化妆品工业领域中的多个环节得到了广泛推广和应用。功效评价是验证化妆品功效的科学途径。在化妆品监督管理逐步规范，行业快速发展的同时，市场竞争也日渐激烈，产品细分趋势愈发明显。产品细分的主要特征是功能细分，它对化妆品功效评价方法提出了更多、更高、更新的要求。生物芯片技术、基因技术、大数据应用等新型技术的不断推出，为今后化妆品功效评价方法的发展提供了更多可能。化妆品品类繁多、作用机理复杂，单一的评价方法难以全面、科学地验证化妆品功效性。应当在了解化妆品功效宣称、有效成分、作用机制的基础上，针对性地建立综合评价体系，从不同层面、不同角度对化妆品的功效进行系统评价和综合分析。

第一节　抗黑色素生成功效评价中的生物技术

一、传统抗黑色素生成功效评价方法

人类皮肤的颜色与皮肤中存在的色素的种类和数量有关，黑色素对皮肤颜色

影响最大。黑色素在表皮基底部的黑素细胞中形成。其过程为黑素细胞中的酪氨酸在酪氨酸酶的作用下生成多巴、多巴醌，最终形成黑色素。黑色素转移至基底细胞中，随着表皮细胞的移行被带到表皮全层，最后随角化细胞的脱落而脱失。酪氨酸酶是黑色素生成的关键酶，它控制着黑色素的形成过程，其活性程度对色素的沉积起主要作用。目前市场上销售的许多美白、祛斑产品都是把对酪氨酸酶抑制作用的强弱作为传统抗黑色素生成功效的主要评价指标。

自由基的存在会导致脂褐素的生成，因此可通过抗氧化反应清除自由基，从而达到美白的效果。另外，抗氧化反应可以还原黑色素生成过程中的某些中间体，也可通过与中间体结合从而终止黑色素的生成。有实验研究表明，由紫外线诱导而产生的氧自由基会促进酪氨酸酶的表达，从而增加黑色素的形成。市场上一些具有抗氧化作用的美白产品便是通过减少氧自由基的量来达到美白的效果。另外酪氨酸酶是黑色素合成过程中的关键酶及限速酶，是一种含铜氧化还原酶，氧的存在是其催化黑色素合成过程中的必需条件。因此，抗氧化功效可以通过降低甚至抑制酪氨酸酶的活性，减少黑色素的合成，也就可以通过测定样品的抗氧化活性来评价其美白功效。

传统体外抗黑色素生成功效评价方法主要有体外酪氨酸酶抑制试验、DPPH自由基清除试验、羟自由基清除试验、超氧自由基清除试验、ABTS 法等。

（1）体外酪氨酸酶抑制试验

体外酪氨酸酶抑制试验常以 L-酪氨酸或 L-多巴为底物，通过试管试验检测美白祛斑成分对酪氨酸酶活性的抑制作用。原理是：L-酪氨酸或 L-多巴在酪氨酸酶的作用下转化为多巴醌，该反应是呈色反应。可以通过比色法测定，以判断不同美白剂对酪氨酸酶活性的抑制率。测定美白活性物质对酪氨酸酶活性的抑制作用时，常用半数抑制浓度（IC_{50}）或半数抑制剂量（ID_{50}）来表示其抑制效果。IC_{50} 或 ID_{50} 的值越小，表明活性物质的抑制作用越大。体外酪氨酸酶抑制试验方法简单易行，无需动物试验或细胞试验的繁琐步骤，试验结果可快速得到。但是它不能反映出美白剂是否能到达有效作用点，也无法反映出美白剂的其他作用机理。故体外酪氨酸酶抑制试验法仍需结合其他方法，才能正确评价化妆品的美白功能。

（2）DPPH 自由基清除试验

DPPH 自由基（1,1-二苯基-2-三硝基苯肼），化学结构式见图 5-1。由于存在多个吸电子的硝基和苯环的大 π 键，所以氮自由基能稳定存在，其醇溶液呈紫色，在波长 517nm 下具有强烈吸收峰。当自由基清除剂存在时，DPPH 颜色变浅，测得的吸光度变小，其变化程度与自由基清除程度呈线性关系。

（3）羟自由基清除试验

羟自由基为活性氧的一种，能杀死红细胞，降解 DNA、细胞膜和多糖类化合物，许多由它所致的有害效应当加入羟自由基的清除剂后会明显降低。本试验采用 Fenton 反应法，见图 5-2，产生羟自由基。

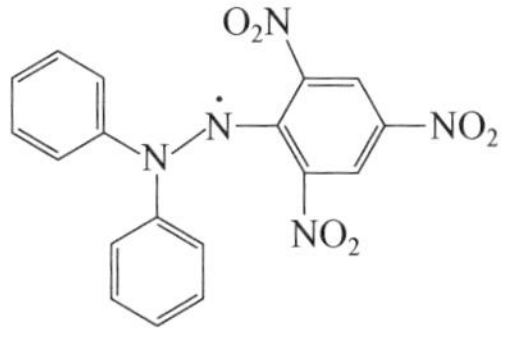

图 5-1 1,1-二苯基-2-三硝基苯肼

$$Fe^{2+} + H_2O_2 \longrightarrow Fe^{2+} + OH^- + \cdot OH$$

$$Fe^{2+} + \cdot OH \longrightarrow Fe^{3+} + OH^-$$

$$Fe^{3+} + H_2O_2 \longrightarrow Fe^{2+} + HO_2 \cdot + H^+$$

$$HO_2 \cdot + H_2O_2 \longrightarrow O_2 + H_2O + \cdot OH$$

$$RH + \cdot OH \longrightarrow R \cdot + H_2O$$

$$R \cdot + Fe^{3+} \longrightarrow R^+ + Fe^{2+}$$

$$R \cdot + O_2 \longrightarrow ROO^+ \longrightarrow \cdots \longrightarrow CO_2 + H_2O$$

图 5-2 Fenton 反应法

（4）超氧自由基清除试验

超氧自由基是含有不配对电子的高活性物质，可通过电子传递而与其他分子发生氧化还原反应。一般采用邻苯三酚自氧化法测定样品对超氧自由基的清除能力。邻苯三酚在弱碱性环境下会发生自氧化反应，生成半醌和醌。其中半醌作为中间产物与反应过程中产生的超氧自由基的量呈正相关。加入抗氧化剂后与超氧自由基反应，随着超氧自由基的减少，半醌的量减少，其紫外吸光度发生变化。

（5）ABTS 法

ABTS 法最先由 Miller 等人开创，用于测定生物样品的抗氧化能力。ABTS[2,2-联氮-双(3-乙基苯并噻唑啉-6-磺酸)]的结构式如图 5-3 所示。这种水溶性的自由基引发剂为显色剂。ABTS 经活性氧氧化后生成稳定的蓝绿色阳离子自由基，在适当的氧化剂作用下可氧化成绿色的 $ABTS^{\cdot+}$。在抗氧化物存在时 $ABTS^{\cdot+}$ 的产生会被

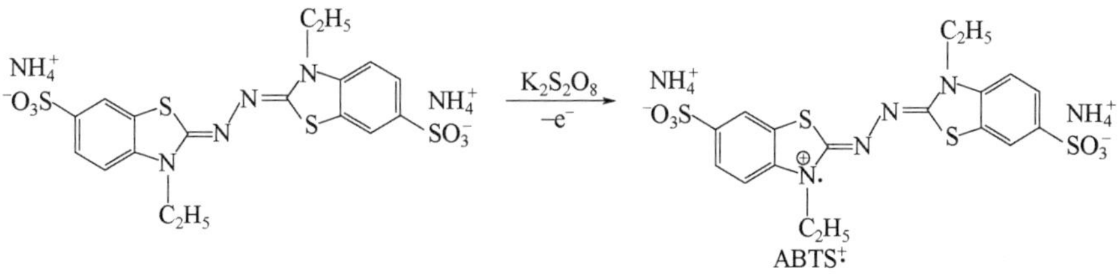

图 5-3 ABTS 法

抑制，在734nm或405nm波长下测定ABTS的吸光度即可测定并计算出样品的总抗氧化能力。

此外，抗黑色素生成功效评价方法还有动物模型法、Corneomelametry法、人工色素沉着后美白效果评价法、VISIA评价法等。

（1）动物模型法

由于豚鼠皮肤黑素细胞和黑素小体的分布近似于人体，因此可选用动物模型法进行美白功效评价。一般采用的是黑色或棕色成年豚鼠，在其背部两侧剃毛形成若干无毛区，将待测样品均匀涂布于该区域，一段时间后对该区域的皮肤进行组织学观察；也可以采用花色豚鼠建立美白功效评价动物模型，如利用紫外线连续照射豚鼠皮肤7天形成皮肤黑化模型，在受试部位涂抹待测样品，利用皮肤生物物理检测技术，同时结合组织化学染色及图像分析技术对皮肤黑素颗粒进行定量分析。动物实验的重复性良好并具有较好的借鉴意义，但是存在道德伦理方面的争议。欧盟自2009年4月1日已禁止在化妆品功效评价方面进行动物实验。

（2）Corneomelametry法

把受试者的角质层用透明胶带从皮肤表层剥离，采用Corneomelametry法测定角质层细胞中的黑色素含量。即将样品用Fotana-Masson银染色后，在显微镜下用光密度测定法测定光透过量从而计算黑色素的含量。

（3）人工色素沉着后美白效果评价法

用紫外线照射正常人体皮肤，建立人造黑色素斑的模型，并对建立模型的各项指标，如曝光剂量、观察时间、测量指标等进行优化对比。提供客观、稳定、可靠的祛斑美白产品效果评估方法。

（4）VISIA评价法

将显微镜照相技术和计算机处理系统相结合，能够对红斑、色素沉着以及皮肤上的伤疤等的皮肤颜色进行扫描并进行色度定量，检测皮肤颜色的变化。可用VISIA全脸分析仪与黑色素测定仪相结合的方法评价化妆品的美白功效。VISIA数字皮肤分析仪运用多重光谱影像科技，从色斑、黄褐斑、紫外斑、毛孔、肤色均匀度、纹理、皱纹及面疱感染度等8个能影响面容、皮肤健康的范畴进行分析。

二、黑色素代谢的分子生物学机制

黑素小体是黑素细胞中的亚细胞溶酶体细胞器。它能够合成两种不同类型的黑色素，分别为真黑素以及褐黑素。真黑素为褐色或棕色的不溶性聚合物，存在于深色皮肤以及黑色头发中。褐黑素为红色或黄色的可溶性聚合物，存在于红色头发以及雀斑皮肤中。黑色素生成是一个复杂的途径，涉及一系列复杂的酶促和化学催化反应，见图5-4。其中酪氨酸酶（TYR），酪氨酸酶相关蛋白-1（TRP-1）

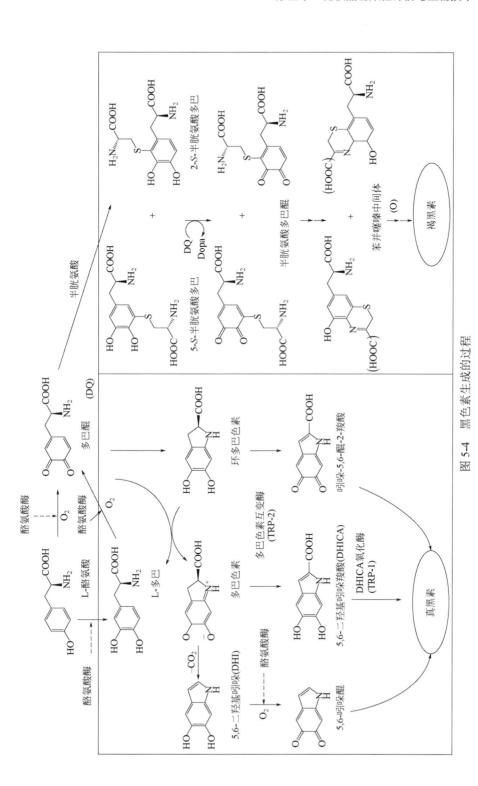

图 5-4 黑色素生成的过程

和 TRP-2（也称为多巴色素互变异构酶，DCT）是黑色素生成过程的重要介质。尤其是酪氨酸酶，酪氨酸酶是黑色素生成的限速酶。多巴醌（DQ）是真黑素以及褐黑素合成的底物，其可由 L-酪氨酸氧化生成黑色素合成或由 L-二羟基苯丙氨酸（L-DOPA）氧化生成。在氧化反应的过程中，酪氨酸酶作为一种限速酶，在人体适宜的生理环境中，其反应序列能够自发进行。多巴醌生成后，在半胱氨酸存在的情况下，多巴醌与等摩尔半胱氨酸生成 3-半胱氨酰多巴或 5-半胱氨酰多巴。半胱氨酰多巴产物通过氧化聚合反应，产生褐黑素。半胱氨酸不存在的情况下，多巴醌能够环化生成橙色的中间体——多巴色素。多巴色素能够自发地发生脱羧反应生成 5,6-二羟基吲哚（DHI）。DHI 迅速发生氧化和聚合反应形成深棕色或黑色的高分子量不溶物聚合物，称为 DHI-黑色素真黑素。

但是，如果 TRP-2 可用，多巴色素将互变异构得到 5,6-二羟基吲哚-2-羧酸（DHICA），而不是发生脱羧反应。DHICA 可以氧化和聚合形成 DHICA 黑色素。这种黑色素呈浅棕色，中度溶解和中等大小。TRP-1 和 TRP-2 能够稳定以及提高酪氨酸酶的活性。黑色素合成相关酶的种类以及底物决定了黑色素的类型。

三、依赖生物技术的抗黑色素生成功效评价方法

（1）黑色素生成抑制实验法

细胞中黑色素含量测定是美白功能评价中最重要也是最直观的检测指标，可利用细胞生物学方法测定样品作用后细胞中的黑色素含量来评价样品的美白功效。TYR 活性的测定和细胞中黑色素的测定通常用体外培养黑素细胞的方法。通过观察活性物质对黑素细胞生长、形态及关键酶合成的影响来研究活性物质的美白功效。常用的黑素细胞是 B16 细胞。将 B16 黑色素瘤细胞用 0.1%葡糖胺培养至完全白化，再加入 2mmol/L 茶碱促进细胞恢复到黑色素合成状态。同时加入试样，镜检细胞颗粒的色调，判断样品对新生黑色素的抑制（促进）效果。最后对细胞颗粒进行离心分离操作，使细胞内颗粒释放出来，于 420nm 波长下测吸光度，进行黑色素总量的测定，以判断样品对黑色素数量的影响。

（2）黑色素转移实验

角质细胞黑色素摄取实验是一种评价美白作用的新方法。先在正常人表皮角质形成细胞培养中加入测试化合物孵育，再加入带有荧光的黑色素颗粒（类似黑色素）。孵育后测量培养基中剩余的荧光剂的含量，与未经受试物处理的角质细胞自由摄取的黑色素对照。以半数剂量 IC_{50} 表示，结果越大表示抑制效果越好。辅助角质细胞中荧光颗粒的图像分析可提高实验数据的说服力。角质细胞黑色素摄取实验也可采用松配式（loose-fit）的角质细胞-黑色素细胞共培养系统，通过流式细胞仪测定共培养体系中角质形成细胞内黑色素的量，评价美白剂抑制黑色素

转移的效果。

（3）图像分析法测定黑素细胞中的黑色素含量

图像分析法是利用显微镜图像分析法测定黑素细胞中的黑色素含量。当被测组织经特殊染色呈现一定颜色时，选择细胞形态正常、分散程度好、无交叉重叠、较完整、背景清晰的 30 个细胞，由电视摄像系统对其扫描，获得黑素颗粒图像，并计算出黑素颗粒的像素量。每个细胞中黑素颗粒的像素量=黑素颗粒的像素总量/细胞数量。

第二节　抗光老化功效评价中的生物技术

一、传统抗光老化功效评价方法

紫外线分为三个波段，其中短波紫外线 UVC 被大气层吸收不能达到地面，部分中波紫外线 UVB 和几乎全部长波紫外线 UVA 可以透过大气层到达地面。UVB 能量较强、穿透力较弱，主要损伤表皮细胞，破坏皮肤屏障，抑制免疫作用，造成红斑、色素沉着。UVA 能量较弱，但穿透力较强，能够到达真皮，损伤真皮层的胶原蛋白、弹性纤维和蛋白多糖。皮肤光老化是 UVB 与 UVA 共同作用的结果。光老化主要表现为暴露部位皮肤松弛、粗糙、皱纹加深加粗、不规则性色素沉着、血管扩张、表皮角化不良和异常增殖等。传统抗光老化功效评价方法有生物化学法、动物实验法、主观评估法、客观仪器评价法等。

（1）生物化学法

生物化学法主要通过评估功效物质对自由基的清除率，对金属蛋白酶和弹性蛋白酶的抑制率，对非酶糖基化终产物生成的抑制情况等来表征其延缓衰老的功效。根据自由基学说理论，自由基过量产生是导致皮肤自然衰老和光老化的主要原因。因此，是否具有清除自由基的能力是评价延缓衰老化妆品或原料的重要指标之一。目前评价清除自由基能力的指标主要有：清除二苯代苦味酰基自由基（DPPH）能力、清除超氧阴离子能力、清除羟自由基能力、清除 $ABTS^+ \cdot$ 自由基能力，以及氧自由基吸附能力（ORAC）等。常见生物化学法有如下几种：

① 抑制基质金属蛋白酶法　基质金属蛋白酶（MMPs）是一类生物活性依赖于锌离子、有降解细胞外基质能力的内肽酶。MMPs 分泌增加会加速胶原蛋白的降解，造成皮肤胶原蛋白流失、皮肤松弛、弹性下降、细纹增多且不断加深。因此可以通过抑制金属蛋白酶分泌的能力大小评价化妆品的抗皱功效。抑制基质金属蛋白酶的实验方法包括荧光底物法、酶联免疫测定法、明胶酶谱法、高效液相色谱法和毛细管电泳法等。目前用于化妆品功效研究的主要是荧光底物法，通过

荧光强度变化的大小来反应基质金属蛋白酶抑制率大小。

② 抑制弹性蛋白酶法　弹性蛋白酶作为具有极高选择性和专一性的蛋白分解酶，对许多氨基酸（如甘氨酸、亮氨酸、丙氨酸、缬氨酸等含羧基的多肽）具有催化水解的作用，可以使结缔组织蛋白质中的弹性蛋白分解。抑制弹性蛋白酶的实验原理是猪胰腺弹性蛋白酶（PPE）Ⅳ型与底物发生催化反应，添加活性物质后吸光度发生变化，通过吸光度变化的大小反映弹性蛋白酶抑制剂抑制率的大小，从而对弹性蛋白酶抑制剂进行筛选。

③ 抑制蛋白质非酶糖基化终末产物生成法　非酶糖基化反应是蛋白质和葡萄糖在体内发生酶促反应形成 Schiff 碱和 Amadori 产物等早期产物，进而经过氧化、重排、交联等过程，形成不可逆的非酶糖基化终末产物的一系列复杂反应。糖基化的蛋白质会产生荧光，通过测定荧光产物量的变化表示提取物的抑制情况。

（2）动物实验法

该法所用的衰老小鼠模型主要是通过注射 D-半乳糖或者紫外线照射使特定鼠种皮肤老化，产生衰老变化的。给药一定时间后，用取血测定、细胞方法、皮肤观察法等进行定量分析。利用小鼠动物模型还可研究特定化合物对小鼠生长性能、抗氧化及免疫功能的影响。

（3）主观评估法

主观评估由研究人员的视觉评估和受试者的自我评估组成。视觉评估是由研究人员根据既定的评分标准对样品的使用效果进行打分，常用于肤色、皱纹改善效果等评价，属于半定量评分方法。受试者自我评估是通过让受试者填写问卷等方式评估化妆品的使用效果，该方法要求问卷内容设计合理、问卷数据真实可靠、实验样本数量充足。

（4）客观仪器评价法

人体测试采用双盲测试方式。受试者在持续使用样品一段时间后，定量检测测试区域各项指标的变化，以一项或多项指标的改善情况来评估化妆品的整体效果。综合评价延缓皮肤衰老的效果。在该方法中，受试者的选择和评价指标的合理性是本测试方法的关键。客观仪器评价常用的方法有以下 6 种：

① 弹性测定实验　弹性测定实验主要包括吸力法、扭力法和测量弹性切力波传播速度法。测试时常用的方法是基于吸力和拉伸原理设计的吸力法，通过皮肤拉伸长度和时间的关系曲线得到皮肤的弹性参数。皮肤弹性测量使用 Cutometer（MPA580，2mm 探头，Courage+Khazaka 公司，德国），选取最接近皮肤弹力真实状态的参数 R2 值来进行评估。R2 值是无负压时皮肤的回弹量 U_a 与负压时的最大拉伸量 U_f 之比，测量 3 次取平均值。

② 皮肤色度测试　采用色度系统（Lab 色度系统）颜色仪测得的 L 值表征亮度，其变化表示皮肤黑白色度的变化。其值越大，颜色越偏向白色；a 值代表红

绿色度，其变化表示产品使用前后红绿色度的变化；b 值代表蓝黄色度，其变化表示产品使用前后皮肤蓝黄色度的变化。由测得的 L、a 和 b 数值可以计算 ITA°值，用以比较人群皮肤颜色的变化。ITA°值越大，皮肤越明亮；反之，皮肤越晦暗。皮肤黑色素含量 MI 值表征黑素指数，MI 值越大，皮肤黑色素含量越高。

③ 皮肤油脂　皮肤衰老引起荷尔蒙分泌和新陈代谢的变化，皮脂腺分泌的油脂含量减少，这些都会导致皮肤干燥、粗糙、暗沉。因此，皮肤表面的皮脂可以作为评价有效性的指标。使用皮肤油脂测试仪进行测量，每次测量前进行校准，将探头垂直压在被测区域上，一段时间后将探头推回读数。

④ 轮廓仪测量方法　轮廓仪测量方法主要包括机械性皮肤轮廓测量法、光学皮肤轮廓测量法、激光皮肤轮廓测量法和透视皮肤轮廓测量法，是一种间接测量方法。

⑤ 干涉条纹光投影技术　测量时光线发射到皮肤表面后，用特殊相机记录图像。经解析处理产生三维图像重建皮肤表面纹理。

⑥ VISIOD-3D 快速成像法　基于 Derma TOP 皮肤快速成像分析系统，采用条纹投影测量技术，通过头部和 2 个耳部传感器一次定位、面部激光二次定位、照相机摄取图像、三维皮肤快速成像和计算机处理图像得到皮肤纹理度、皱纹等参数。

二、皮肤光老化的组织学特征及临床表现

皮肤老化是一个复杂而累积的过程，内在（按时间顺序）和外在（外部驱动）的老化影响可能会被覆盖。外在皮肤老化多由于长期暴露于紫外线辐射（UVR）下，这种老化被称为光老化。临床上，光老化的皮肤特征为深皱纹粗糙、皮肤粗糙、斑驳色素沉着和弹性明显丧失。组织学上，光老化表现为表皮增厚和真皮细胞外基质（ECM）显著重塑，被认为是皱纹生成和弹性丧失等临床特征的基础。胶原蛋白、弹性纤维以及糖胺聚糖是真皮细胞外基质的所有三个主要成分。在光老化过程中经历显著的改变进行差异性重塑，导致其分子组成、结构和功能的变化，见表 5-1。这些被认为会导致皮肤光老化的许多主要临床特征包括松弛的外观，与皱纹相关的深层皱纹的发展以及皮肤弹性下降。

皮肤光老化主要是通过暴露于 UVR 的刺激下而被诱导，被最广泛记载的是由基质金属蛋白酶（MMP）驱动降解。研究发现，紫外线辐射可以增加 MMP 的合成和活性，但并非其抑制剂导致 ECM 内的降解环境。紫外线照射诱导的活性氧（ROS）也被认为在皮肤重塑中起作用，可能作为信号中间体导致某些 MMP（包括 MMPs-1、MMPs-3 和 MMPs-9）的活化，以及直接降解皮肤 ECM 蛋白。此外，UVR 优先降解富含 UVR 吸收生色团的蛋白质，因此可能会导致一些光老化的早期反应，如导致微纤维组分 fibrillin-1 和来自乳头状真皮的 fibulin-5 的流失。

表 5-1 皮肤光老化组成、组织结构变化及其临床表现

	组成及组织结构变化	功能变化及临床表现
胶原网络	真皮层中胶原-Ⅰ以及胶原-Ⅲ含量减少；真皮-表皮交界处锚原纤维（主要是胶原-Ⅶ）减少	拉伸强度降低；增加皱纹形成
弹性纤维网络	弹性纤维网断裂和衰退；富含原纤维蛋白的微纤维在表皮与真皮交界处丢失，弹性蛋白变性	拉伸强度降低；增加皱纹形成
糖胺聚糖	由于糖胺聚糖结合能力的改变，透明质酸的含量降低；糖胺聚糖的含量增加与日光性弹性组织变性相关	皮肤亲水性的变化可能影响组织水合作用，从而影响皮肤的机械性能和外观

三、皮肤光老化的分子机制

1. 染色体、DNA 的紫外损伤

DNA 是储存与传递遗传信息的主要载体，其结构完整性对生命活动的正常进行起着至关重要的作用。过量紫外线辐射造成的 DNA 损伤超过了生物自身的修复能力，引发核酸解螺旋、链断裂、碱基突变、碱基脱落、嘧啶二聚体产生、核酸蛋白异常交联等损害。DNA 结构发生的改变通过转录、翻译步骤影响蛋白质的合成，损害细胞功能。端粒是由串联重复序列组成的位于线性染色体末端的结构，控制着与老化相关的基因表达，其长度与生理年龄呈负相关，端粒是细胞衰老程度的分子标记。而在体外培养的皮肤成纤维细胞中，紫外线照射引发细胞端粒缩短，其缩短程度与辐射剂量呈正相关。

端粒酶在维护皮肤的功能和增殖方面起到了重要作用，皮肤作为复杂的成分包括两种不同的主要成分：由角质形成细胞构成的持续更新的表皮及具有丰富基质的由成纤维细胞构成的真皮。这两种成分紧密相连又相互作用，皮肤皱纹的形成、头发灰白均与之有关。作为再生的组织，表皮能表达端粒酶，核糖体蛋白的复合物能抵抗对端粒酶的侵蚀，是重要的细胞衰老机制，也与皮肤的衰老有极大关系。在细胞经过不断分裂、UVR 或其他因素作用后，端粒缩短到一定程度，端粒环或 T 环（T-Loop）断裂，3′末端单链悬突暴露，通过与 Werner 蛋白的相互影响激活肿瘤抑制蛋白 p53 和其他 DNA 损伤反应蛋白，进而诱发细胞增殖性衰老或凋亡。光老化导致 T-Loop 不稳定破裂，3′末端单链悬突暴露。这是双胸腺嘧啶光产物或鸟嘌呤残基的 ROS 介导氧化作用导致的。Blackburn 等发现端粒缩短可造成蛋白质表达的变化，继而引发细胞功能丧失、炎症因子增加等衰老现象。

每个 UV 带诱导的 DNA 吸收光谱和 DNA 损伤的主要类型如下图 5-5 所示。图 5-5 表明 UVC 能被 DNA 最有效地吸收，其次是 UVB，而 UVA 很少（几乎没有）被吸收。但有趣的是，DNA 对 UVA 的总吸收量是 UVB 的四分之一，而 UVA 比 UVB 在地球表面的总入射率高 20 倍。这表明了 DNA 可以吸收 UVA 辐射，并表明太阳 UVA 辐射对 DNA 的直接影响可能比以前假设的更为剧烈。实际上，很久以前就已经证明了 DNA 对 UVA 的吸收作用。根据 G/C 碱基对的含量，来自不同来源的 DNA 在吸收 300nm 波长处光波的能力存在差异。因此 G 可能比 A 更多地吸收这类波，这可能至少解释了 UVA 辐射的部分生物效应。此外，一些研究表明，UVA 辐射可直接诱导 DNA 中的环丁烷嘧啶二聚体（CPD）的形成，少数研究显示 6-4 嘧啶酮光产物（6-4PP）的形成也与 UVA 辐射有关，尽管数量远低于 CPDs。事实上，虽然在经 UVA 照射的 DNA 分子中未通过质谱法检测到 6-4PP，但是通过对碱高度敏感的核酸内切酶和免疫学测定法在纯化的 DNA 和 DNA 修复缺陷的人细胞中可以检测到这些损伤。另外，6-4PP 还有可能在 UVA 辐射诱导细胞死亡的过程中生成，是一种保护机制。6-4PP 在 UVA 的刺激下，通过修复损伤不断合成，从而保护细胞免受病变。表 5-2 为经 UVA 和 UVB 辐射后产生的生物标志物，这些标志物可用于暴露后结果的生物学检测。

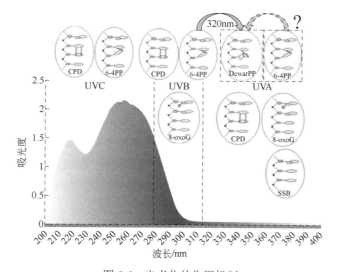

图 5-5　光老化的作用机制

8-oxoG—8-氧化鸟苷；DewarPP—光生产物；CPD—环丁烷嘧啶二聚体；

6-4PP—DNA 紫外线损伤产物；SSB—单链结合蛋白

表 5-2　UVA 和 UVB 暴露的结果及其生物标志物

暴露于 UVA 与 UVB 的结果	生物标志物
DNA 损伤	CPD，6-4PP，氧化碱，单股断裂
氧化还原过程	生物分子氧化物
炎症	细胞因子（IL-1，IL-6，IL-10，IL-12，TNF-α），COX-2
免疫抑制	IL-10，前列腺素
维生素 D 合成	25-羟维生素 D［25(OH)D］出现在血清中
转录因子诱导	AP-1，NF-κB，Nrf-2

2. 线粒体的紫外线损伤

线粒体是细胞能量代谢中心、自由基代谢中心，也是细胞凋亡调控中心，并在信号传递和基因表达调控中发挥重要作用。线粒体一旦受损，一方面使能量代谢发生紊乱；另一方面，将产生大量自由基，影响细胞的正常生长，导致细胞甚至机体的衰老。

（1）影响活性氧代谢

正常生理条件下，线粒体产生少量活性氧（含氧自由基及其衍生物）存在于多种信号通路，通过 JNK、NF-κB 的反馈调控系统，维持细胞内自由基低浓度的动态平衡。紫外线导致细胞中活性氧大量增加，破坏了线粒体的正常调节功能。线粒体不能及时将多余的活性氧清除，导致一些酶失活、脂质膜损伤、核酸突变。这些损伤在线粒体中累积，又会进一步导致活性氧水平的增加，于是形成活性氧增多→线粒体损伤→活性氧增多互为因果的恶性循环。

（2）损伤线粒体 DNA

线粒体 DNA 外没有组蛋白的保护，且损伤修复机制比较简单，因此环境刺激引发的突变率明显高于细胞核 DNA。线粒体 DNA 损伤导致蛋白质合成过程错误，使线粒体呼吸链及氧化磷酸化功能受损，造成细胞代谢紊乱。在许多退行性疾病患者和老年人的细胞内，有一段约 4977bp 的线粒体 DNA 始终缺失，此序列编码 ATP 合成酶、NADH 脱氢酶、细胞色素氧化酶的部分片段。该缺失突变在心肌、软骨、头发、肾脏等多种组织和细胞中都与年龄呈正相关。然而，人类皮肤中的 4977bp 缺失或突变的发生率与年龄无关，反而与皮肤光老化程度关系密切，因此建议将线粒体 4977bp 缺失作为光损伤的分子标志。

（3）损伤细胞外基质的胶原蛋白

人体皮肤中的胶原主要是 I 型和 III 型胶原，其中 I 型胶原约占皮肤胶原干重的 70%～80%，是皮肤承受拉力及维持皮肤丰满的重要基础；III 型胶原约占 10%，是构成网状纤维的主要成分。紫外线降低转化生长因子（TGF-β）受体表达，破坏 TGF-β 信号通路，干扰了 TGF-β/Smad 信号级联的起始步骤，导致 I 型前胶原合成减少。同时，紫外线诱导转录因子 AP-1 表达，AP-1 作用于编码 I 型前胶原的基因 COL1A1、COL1A2，使其表达水平下降，抑制原胶原表达。更重要的是，紫外线照射通过增强基质金属蛋白酶的活性，进而增加胶原的降解。MMPs 是由一组具有锌依赖性的蛋白内切酶构成的蛋白家族，是迄今为止已发现的唯一能分解纤维类胶原的酶类，也可降解细胞外基质的其他蛋白质和基底膜，包括弹性蛋白、明胶、纤连蛋白等。MMPs 由胶质细胞、成纤维细胞合成，以酶原形式被分泌至细胞外，经过蛋白酶裂解后具有活性。正常状态下，MMPs 低水平表达，受到紫外辐射、炎症、癌变等刺激后表达量迅速增加。紫外线辐射皮肤并激活细胞表面的表皮生长因子受体，继而激活丝裂原活化蛋白激酶（MAPK）途径，刺激 MMPs 的基因转录。同时，紫外线辐射能提高氧化型谷胱甘肽的浓度，进而促进 MMPs 酶原的激活。

热和 UV 诱导的 MMP-1 表达可能部分由人角质形成细胞中的辣椒素受体 1（TRPV1）激活介导。此外，热和 UV 增加人皮肤中 TRPV1 蛋白的表达。TRPV1 蛋白在老年人的皮肤中比在年轻受试者中更多地表达。此外，与相同个体受防晒保护的皮肤相比，老年人的光老化皮肤（前臂）显示出增加的 TRPV1 表达。老年人的皮肤中 TRPV1 表达增加意味着 TRPV1 可能与老年性皮肤症状有关，如老年瘙痒症和神经源性炎症。

四、依赖生物技术的抗光老化功效评价方法

目前应用于皮肤光老化研究的疾病模型主要有以下四种：①细胞模型，一般采用紫外辐射人皮肤成纤维细胞、人角质形成层细胞或基底层细胞建立此类模型；②人体志愿者模型，招募人体志愿者，对其手臂内侧、大腿内侧或背部等不影响外貌的部位进行紫外辐射，建立相应模型；③体外皮肤组织模型，主要利用一些皮肤功能细胞（如皮肤成纤维细胞、胶质细胞等）共同诱导、分化后组建形成的新型人造组织工程皮肤，具备皮肤的功能性结构，性状上相对较接近人体皮肤，有利于进行紫外辐射；④动物模型，选用适宜的实验动物对其施加紫外辐射，或是紫外辐射联合补骨脂素进行皮肤光老化模型的建立。

四种模型的优缺点如下：①细胞模型具有客观、直接，可操作性及可控性强，便于机理研究的优点。但细胞实验并不能代表实际皮肤的整体情况，毕竟皮肤由多种功能细胞、多种组织结构构成，皮肤的变化是多种细胞综合作用的结果，因此，细胞并不能完全真实地反映长期紫外辐射的结果，也难以真实反映药物在体内的作用情况。②人类志愿者模型是最具研究价值的光老化模型，能真实地反映疾病情况，但会影响受试者皮肤健康，增加其患病风险，且实验成本高，因此实验人员应慎重选择此模型。③体外皮肤组织模型制作复杂、繁琐且成功率不高，对实验技术要求较高，且实验成本也较高。此外，此类模型还难以模拟在体皮肤的各种变化。④动物模型是迄今为止应用最为广泛的光老化疾病模型，部分动物的皮肤结构及毛囊毛发发育情况与人类皮肤相似，还可模拟人类日常生活进行长期的模拟日光照射，因此动物模型的使用较为普遍且更具优势。

表皮细胞活力会影响皮肤保湿功能，角质层的含水量低于 10% 时，皮肤就会粗糙、干燥，进而引起皱纹。目前人皮肤永生化角质细胞 HaCaT 细胞株已被广泛应用于化妆品的抗衰老及透皮性的研究中。角质形成细胞合成的与表皮保湿相关的生物分子主要有水通道蛋白（AQP）、紧密连接蛋白（TJP）和透明质酸（HA）

等。细胞生物学法的评价主要针对与以上 3 种保湿功效相关的物质进行检测。目前主要采用 Western Blot 杂交、免疫组化染色法半定量检测以及商品化试剂盒 ELISA 法定量检测 AQP3 和 TJP 含量的变化等方法。HA 的检测方法有多种，但采用商品化试剂盒 ELISA 法或免疫化学发光法定量检测 HA 更精确，也更适用于化妆品评价。

真皮中成纤维细胞的活力会影响胶原蛋白的分泌、胶原蛋白纤维的数量和质量，成纤维细胞受损会导致胶原蛋白的降解与合成失调、胶原纤维构造紊乱，导致皮肤失去弹性并形成皱纹。在对皮肤老化的研究中，成纤维细胞体外培养技术已经成为研究皮肤老化的重要工具。实验时使用的成纤维细胞可以是正常细胞，也可以是经紫外线或者 H_2O_2 损伤的细胞，在一定浓度的功效物质存在的条件下培养一段时间。通过 MTT 法对成纤维细胞的体外增殖能力、超氧化物歧化酶、谷胱甘肽过氧化物酶等进行检测；通过 ELISA 法测定丙二醛和透明质酸的含量变化；通过流式细胞仪检测活性氧水平；通过 ELISA 和 Western Blot 杂交检测胶原含量的变化。实时无标记细胞分析技术（RTCA）利用细胞贴壁生长造成阻抗改变达到实时动态反映细胞生长信息的目的。其操作简单无需进行细胞标记及固定，且成本较低，是近年来出现的细胞电子传感新技术。

第三节　保湿功效评价中的生物技术

一、传统保湿功效评价方法

传统保湿功效评价方法分为体外评价法和在体评价法。

1. 体外评价法

常用的是物理化学法。通过检测化妆品的物理性能和特定化学成分含量评价其效果的便捷手段。如通过称重法评判化妆品原料或产品的吸湿性和保湿性，或通过理化分析法对化妆品中的保湿活性成分进行定量分析。

称重法具有简单快捷的特点，可作为筛选保湿原料的方法，也可作为在体评价的前期测试。在固定的温湿度条件下，利用保湿剂与环境水分子的相互作用进行实验并计算出吸湿率与保湿率，综合衡量保湿剂的保湿效果。恒温条件由隔水式培养箱控制，恒湿条件则是在密闭的干燥器中，通过无机盐的饱和水溶液营造恒湿环境。

在进行吸湿率测定时，将实验样品放入高湿度的干燥器中，再将干燥器放入设定温度为（20±0.1）℃的隔水式培养箱里，每间隔一段时间取出称量一次。根据下列公式，计算出试样的吸湿率。

$$吸湿率 = (M_1 - M_0)/M_0 \times 100\%$$

式中，M_0 为试样实验前质量，g；M_1 为试样实验后质量，g。

在进行保湿率的测定时，称取一定量含水分的样品放置在装有干微粉硅胶的低湿度的干燥器中，每间隔一段时间取出称量一次。由实验前后试样的质量差，计算出试样的保湿率。

$$保湿率 = (M_2 - M_0)/M_0 \times 100\%$$

式中，M_0 为试样实验前质量，g；M_2 为试样实验后质量，g。

称重法与测试样品的数量、样品与空气接触面积等因素相关，测试时间对保湿率的影响小，测试结果重复性比较好，适用于各种类型的保湿剂的评价，但不能反映保湿剂在皮肤保湿中的真实情况。

2．在体评价法

可分为主观评估和客观仪器评估。主观评估包括视觉评估和受试者自我评估。视觉评估通常由专家对受试者的皮肤状态如皮肤弹性、皮肤透亮度等指标进行定性或分级评测；受试者自我评估多采用调查问卷形式进行，指标包括感觉到的皮肤滋润、不干燥等，从而对受试者自身皮肤干燥程度进行评分分级。因主观评估法存在主观因素，不能客观表征保湿化妆品的保湿功效，故需与客观仪器评估方法结合，研究主观评估结果与客观仪器检测结果的相关性，进而更加全面地表征化妆品的保湿功效。客观仪器评估通过仪器对受试者使用化妆品前后的皮肤状态参数进行采集、样本分析或统计分析，进而对化妆品进行功效评价。

利用皮肤角质层的电生理特性来表征皮肤角质层的含水量更为方便，目前此方法广泛应用于医疗和美容行业。皮肤角质层中至少有三种带电物质参与角质层中的电荷流动，包括电子、质子和比质子大的离子。含水量为10%以上的角质层中的电荷流动主要为质子（氢离子）的流动，故皮肤表面的电学参数与其含水量紧密相关，但因皮肤中的水分按其与角蛋白结合的紧密程度不同而表现出不同的电学特性，所以皮肤的导电能力与其含水量并不呈简单的正比关系。电学测量参数需要对大量的仪器测量值进行统计分析得到，并由仪器生产商定义的单位来表示。目前主要采用3种电学参数来间接反映角质层含水量，包括电容、电导和电阻。其测试仪器虽然原理类似，但由于测量时间、探头设计及具体测量参数不同，导致测量结果也有所不同。

中华人民共和国工业和信息化部于2011年12月20日发布国内首个关于化妆品功效评价的行业标准，主要适用于护肤类膏霜、乳液和啫喱化妆品，其他类具有保湿功效的化妆品可参考《化妆品保湿功效评价指南》（QB/T 4256—2011）。《化妆品保湿功效评价指南》规定了化妆品保湿功效评价的一种方法——电容法测定

皮肤角质层水分含量。采用电容法测定人体皮肤角质层的水分含量是基于水和其他物质的介电常数差异显著，按照皮肤角质层水分含量的不同，测得的皮肤的电容值不同，其参数可代表皮肤水分含量。电容法的常用仪器有 Corneometer CM 820、Corneometer CM 825、Moisture Meter SC、Moisture Meter D 等。电容法可对皮肤角质层的水分含量进行定量，能够灵敏地反映皮肤水分含量的变化且重现性好，是目前保湿剂功效评价中常用的方法之一。

电导法基于角质层发生水合作用时电特性会发生改变的原理。干燥的角质层是弱的电导介质，发生水合作用的角质层对电场较敏感，导致介电常数升高进而引起皮肤电导率的升高。皮肤的电导性与角质层浅表及深层的含水量有较好的相关性，常用仪器是 Skicon-200。

电阻法的测量结果依赖于角质层的水合作用、组织成分及状态。其原理基于阻抗的电容值，阻抗值为使用不同频率的交流电累计测量得到的结果，代表仪器为 Nova DPM。

在测试角质层保水能力中，透皮水分散失（Trans Epidermal Water Loss，TEWL）又称为透皮失水，是反映角质层屏障功能的常用指标，也是保湿化妆品功效评价的重要指标之一。TEWL 值不能直接表示角质层的水分含量，但能表明角质层水分散失的情况，可反映皮肤角质层的保水能力。TEWL 的测试原理是使用特殊设计的两端开放的圆柱形腔体测量探头在皮肤表面形成相对稳定的测试环境，通过 2 组温度、湿度传感器测定皮肤（约 1 cm 以内）的水蒸气压梯度，直接测出表皮蒸发的水分量。TEWL 值越高表明经皮肤散失的水分越多，角质层的屏障功能越差。

二、皮肤保湿的生理学基础

皮肤保湿能力的高低主要通过角质层的含水量反映，健康皮肤角质层的含水量应保持在 10%～20%，当角质层的含水量充足时，皮肤呈柔软、光滑、细嫩和富有弹性的状态。含水量低于 10%时皮肤就会干燥、粗糙，甚至皲裂。角质层中水分的保护与维持依靠表皮的屏障作用与水合作用。皮肤的屏障作用主要依靠角质层的"砖墙结构"。角质层的"砖墙结构"由"砖墙"（角质形成细胞）和"灰浆"（角质细胞间隙中脂质）构成，其致密牢固的结构可阻挡外界有害因素的入侵和体内水分、营养物质的流失，维持表皮重要的屏障功能。此外，皮肤表面的皮脂膜中的脂质（神经酰胺、角鲨烯、亚油酸等）能够锁住水分，阻止营养物质、保湿因子及水分的流失，维持角质层的含水量，对皮肤起到滋润保湿作用。化妆品中添加的封闭性保湿剂是一类脂类物质，可通过对皮肤角质层脂类物质进行补充，并在皮肤表面形成一层封闭薄膜，通过封闭作用阻挡皮肤内的水分流失，使角质层保持一定的含水量。封闭性保湿剂主要有矿物油和蜡类、硅油类、植物与动物脂肪类、脂肪酸和酯类、胆固醇类等。皮肤表皮的水合作用主要依赖于角质形成细胞基质中的天然保湿因子（NMF）。NMF 是一类皮肤自身存在的、具有吸水特性的小分子复合物，由丝聚蛋白降解形成的氨基酸集合而成，能够有效吸收并锁住水分，主要成分为氨基酸、乳酸盐、尿素等及其他未知物质。天然保湿因子和致密的角蛋白纤维素增加了细胞内部的强度，同时通过结合大量的水，使角质层保持一定的含水量，是皮肤稳定水合状态和维持角质层正常生理功能的必需条件。皮肤固有的水合能力不仅依赖于角质细胞中 NMF 的存在，还依赖于透明质酸和皮肤内水分的运输。人皮肤表皮中起水分运输作用的蛋白质主要是水通道蛋白 3（AQP3），AQP3 在转运水的同时也能转运尿素和甘油等物质进出皮肤，是维持皮肤水合作用的一个关键因素。AQP3 是一种主要表达于皮肤、肾脏及气道等器官的膜整合蛋白，属于水、油通道蛋白亚家族，可以转运水、甘油以及尿素等小分子物质。在皮肤中，AQP3 主要表达于皮肤角质形成细胞和成纤维细胞的胞膜上，胞浆内亦可见少量表达。AQP3 在表皮的屏障功能以及水的保存中发挥重要作用，是由于内源性甘油、皮脂腺中产生的甘油三酯等物质可被 AQP3 从循环中带入表皮，从而在表皮组织内部形成一种短的水回路，保证了表皮持续的水含量。AQP3 还参与细胞的增殖、迁移过程，促进创伤愈合。

三、依赖生物技术的保湿功效评价方法

细胞生物法是通过体外培养的人角质形成细胞或成纤维细胞建立细胞模型来进行测试的方法。可通过观察细胞接受试物前后培养细胞的状态并检测与保湿相关的蛋白质表达情况，进而研究保湿剂对皮肤细胞的影响。Tito 等人发现在培养的角质形成细胞和成纤维细胞上测试悬钩子脂溶性提取物，可以促进 AQP3、聚集丝素蛋白、介导蛋白和透明质酸合成酶等与皮肤水合作用有关基因的表达，推测悬钩子脂溶性提取物可以用作面部和身体乳液中的保湿成分。此外，还可对体外培养的角质形成细胞中 NMF 及特定组分含量进行检测。Garcia 等人研究了冷应激处理方法以及活性成分预处理方法对人角质形成细胞的影响。结果显示，经活性成分处理过的样品中 AQP3 基因表达显著增强，证明了活性成分对 AQP3 基因的表达有促进作用，有助于增强皮肤的水合作用。Chaudhuri 等人研究了异山梨醇二辛酸酯（IDC）衍生物在提高人体皮肤水分平衡作用等方面的潜力，发现 IDC 有上调人角质形成细胞分化过程中 AQP3 基因表达的功能，证明 IDC 可改善皮肤的水合作用，说明人角质形成细胞可应用于化妆品的保湿功效评价。

第四节 祛痘功效评价中的生物技术

一、传统祛痘功效评价方法

祛痘类化妆品的功效评价可以使用 VISIA 皮肤分析仪等进行临床评价实验。利用 UV 光所摄取的照片可以分解为卟啉照片。由于荧光和脸部背景的较大色差，可以选择有荧光点的部位计算其数量、面积等参数。通过观察这些"卟啉"的变化来评价祛痘效果，有助于完善控油祛痘化妆品的功效评价方法。

目前，常用的痤疮模型主要有兔耳、叙利亚仓鼠、无皮脂腺鼠、墨西哥无毛狗等。多数认为墨西哥无毛狗是最接近临床的粉刺研究模型，具有类似人黑头粉刺的皮损，并且病理表现极为相似。缺点是粉刺中无细菌生长，尤其未见痤疮丙酸杆菌的生长，而且价格昂贵、难于饲养。叙利亚仓鼠腹腺中皮脂腺细胞对雄激素尤为敏感，所以主要用于研究雄激素对皮脂腺细胞形态和功能改变以及这种改变对痤疮发病发展的影响。用兔耳塑造痤疮模型是应用最为广泛的，其主要模仿了粉刺的生成，应用于探讨皮脂成分、角化过度对痤疮发病机制的影响以及药物抗角化作用机理。兔耳毛囊管的上皮细胞对诱导粉刺生产的化学物质极为敏感。一般需要把药物放入靠近耳道口的外部，面积约（2×2）cm²。兔耳实验性痤疮模型早在 1941 年由 Adams 等成功建立并发现了有机氯化物的促粉刺作用，也第一次使用兔耳内表面建立了痤疮模型。1989 年美国皮肤病学会制定了兔耳实验性痤疮模型的使用规范。国内报道的方法为：每只家兔左右耳内侧耳管开口处（2×2）cm² 大小，涂抹煤焦油以建立兔耳实验性痤疮模型，镜下观察到其组织学改变与人类粉刺相类似，表明兔耳实验性痤疮模型具有可重复性与易操作性。实验结果也显示造模 1 周后，肉眼可见兔耳厚度有所增加，且皮肤粗糙，有痂皮脱落，毛囊孔扩张增大，周围皮肤角化过度；造模 3 周可见兔耳变硬，皮肤厚度增加，表面粗糙，毛囊口有黑头粉刺状，部分毛囊口见隆起红色丘疹，触之较硬，似痤疮样改变。组织学改变使角化过度，表皮与毛囊上皮不规则增厚，毛囊口角栓堵塞，毛囊漏斗部扩大，其中充满角化物质，真皮上层毛细血管扩张明显，毛囊皮脂腺周围炎性细胞浸润，有少量中性粒细胞存在。与文献报道造模的病理改变大致相似，故造模实验成功，也再次证明煤焦油塑造兔耳实验性痤疮模型是目前较为理想的痤疮实验动物模型。

二、痤疮的发病及形成因素

痤疮是一种慢性发生于毛囊皮脂腺的多因素炎症疾病，常伴随有丘疹、脓包和结节。它最主要影响的是青春期人群，91%的青年男性和79%的青年女性都不同程度地患有痤疮。大部分的痤疮是非严重的形态，但是它却会导致社会歧视，并会影响青少年的心理健康。曾有研究人员在文章中这样描述痤疮："没有任何一种其他疾病可以比痤疮产生更多的精神创伤，造成父母与孩子之间关系的失调，导致更普遍的自卑感以及更大的精神痛苦。"很显然痤疮会影响患者的自尊心和自信心，扭曲他们对自己的看法，甚至产生在社交上的退缩感。痤疮的发生是几种因素共同作用的结果，主要与4种因素有关：皮脂过分泌、毛囊角化、微生物增殖和炎症反应。

1. 皮脂过分泌

雄激素可以刺激皮脂腺、毛囊的代谢，当体内激素分泌异常、毛囊及皮脂腺中受体和相应还原酶出现异常时，会缩短皮脂腺的细胞周期、加快皮脂合成速度以及改变皮脂中脂类的组成。雄激素中的睾酮被皮肤中的 5α-还原酶（5α-R）转变成双氢睾酮（DHT），之后结合到皮脂腺受体上，一方面激发细胞增生和皮脂分泌，一方面加快表皮角质形成。但是体内研究发现，在青春期早期粉刺的发生过程中，除了雄激素分泌异常，大部分的痤疮患者内分泌并没有失调，而是与靶器官对雄激素敏感性相关：一是皮脂腺中诸如 5α-R 等相关代谢酶活性提高，从而增加 DHT；二是雄激素相关受体数目增多。同时，研究发现睾酮对脸部区域皮脂腺细胞具有促增殖作用，对下肢却是抑制作用。而 DHT 对这些区域都是促进作用，但对面部区域更强，可以用这种差异来理解为什么痤疮在不同身体区域的易患性不同。此外，男性由于雄激素高于女性，所以痤疮严重程度比女性高；女性由于生理期前雌激素分泌相对平时少，雄激素含量相对高，所以在此时易患痤疮。

2. 毛囊角化

在正常毛囊里，双层排列的、位于皮脂腺以及毛囊中导管管腔里的角质形成细胞脱落下来是有序的。而在患有痤疮的人皮肤中，由于皮脂中亚油酸的含量明显降低，同时棕榈酸甘油酯的含量明显上升，导致低浓度水平的亚油酸流透皮脂腺导管时对上皮角质细胞形成刺激，引起皮脂腺内导管中上皮细胞层变厚、导管径变小，进而导致导管发生急性闭塞。同时，毛囊导管上也存在 5α-R 和与雄性激素有关受体，它们使角质细胞代谢周期增快，细胞之间黏附性增加而使本该脱落的细胞不能及时脱落，出现角化异常。

3. 微生物增殖

表皮层和真皮层作为哺乳动物皮肤最主要的两部分，通过产生诸如朊酶、溶菌酶和抗微生物肽等因子来保护皮肤。表皮层是皮肤最外的一层，负责抵抗微生物和外来毒性物质的入侵。真皮层具有诸如毛囊、皮脂腺、汗腺等子结构，使皮肤表面呈现一种有纹、脊、内陷褶皱的不平坦外观。皮脂腺存在于较厚的皮肤中，

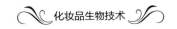

分泌皮脂是它最主要的功能，同时，产生的脂类会溢到毛囊中。汗腺主要分泌富含盐分的汗水，用以帮助调节、控制体温。因此，皮肤表面是由诸如pH、湿度、汗液和皮脂等因素构成的一个复杂的栖息地，供养了一个丰富的微生物群落，且微生物的数量远远超过人体自身细胞的数量。在毛囊里存在非常多微生物，包括多种细菌（如痤疮丙酸杆菌、金黄色葡萄球菌、马拉色菌、表皮葡萄球菌等）和人体蠕形螨。皮脂腺单位中明显增殖增多的微生物是一个诱导痤疮发生的重要因素。大量研究报道证明，数量庞大的痤疮丙酸杆菌（*Propionibacterium acnes*，*P. acnes*）存在于痤疮人群的毛囊导管里和皮肤破损处。多种有生物活性的胞外酶被 *P. acnes* 分泌出来，它们的催化产物能引起痤疮和炎症。皮脂分泌量随着青春期的开始而增加，造成一个非常有利于 *P. acnes* 迅速生长的环境。细菌利用细胞外酶将甘油三酯分解得到甘油部分并将其变为能量，同时在皮脂中将剩余的脂肪酸部分留下。这部分脂肪酸含量是与 *P. acnes* 菌量成正相关的，这部分处于游离状态的脂肪酸能刺激皮肤产生炎症并诱发痤疮。*P. acnes* 不但诱导、引发皮肤部位的炎症，而且炎性部位的皮肤环境同时给 *P. acnes* 提供了进一步迅速繁殖的适宜环境。

4．炎症反应

发生痤疮时，人体由B细胞主导的体液免疫和由T细胞主导的细胞免疫都有参与。免疫球蛋白 G（IgG）水平在患有痤疮的人的血清中被检测到升高，且与痤疮皮肤损伤程度呈正相关，说明其发病时存在体液免疫；当发生细胞免疫时，毛囊中微生物的大量繁殖刺激免疫细胞激活补体，使毛囊皮脂腺产生炎症并增强炎症。毛囊里皮脂腺发生闭塞，毛囊结构会被很多皮脂以及脓细胞破坏，进而损坏皮肤造成囊肿甚至产生疤痕。经研究发现，在痤疮病人的血清中有高水平的IgG，且其体内含有针对 *P. acnes* 的循环抗体。而且在痤疮早期经由其组织学表现可以显示为：在血管周围有淋巴细胞浸润，海绵水肿现象在表皮出现并伴随淋巴细胞聚集，这符合接触过敏性皮炎里的迟发性超敏反应，说明痤疮是由抗原诱导发生的迟发性质的超敏反应，抗原是毛囊中寄生的细菌或者被分解的分子量较小的角蛋白。脂质过量和毛囊痤疮丙酸杆菌大量增殖，会刺激免疫细胞共同形成机体对非正常皮肤的异常免疫反应，从而导致临床上的痤疮。

在皮肤毛囊代谢的正常过程中，位于皮脂腺体导管里的上皮细胞发生脱落，被皮脂携带着由毛囊口处排出去，同时滋养着皮肤毛囊中寄生大量的正常菌群，而性激素紊乱等非正常的因素会使以上环节出现问题，发生毛囊非正常角化、皮脂分泌过多、皮脂腺寄生菌群大量繁殖及引起炎症反应等，导致痤疮的产生。大量研究结果表明：痤疮的本质其实是炎症性反应，炎症性反应在痤疮诱发中具有关键地位，而这与 *P. acnes* 的感染密切相关。

三、痤疮的临床表现及分级

寻常痤疮是在皮脂腺和毛囊中发生的慢性炎症，多发生在面部、胸部和背部。它属于中医"粉刺"范畴。皮疹以丘疹、脓疱和结节为主，有时可将白色碎米样粉汁挤出。中医学中最早载有痤疮的记录出自《黄帝内经》，称其作"皶"。此外，其在《诸病源候论》等著作内还有"面疱""皶疱"等称呼。明确将其载为"粉刺"的则有《外科启玄》等书籍。中医古代医学家认为痤疮的主要发病原因有"肺经血热郁滞不行""年少气冲""营气不从，逆于肉理""因虚而作""邪入肌虚"等，至清代已将痤疮发病原因归为"湿热""肺风""酒"等相关因素，指出病位属肺、脾，且首次提出"血瘀"也是致病因素之一。中国近现代中医学家则多将痤疮病因归纳为风、湿、热、寒、郁、痰等，湿热型痤疮多认为是由于过食辛辣、油腻、刺激性食物及出汗较多、居住环境潮湿、湿邪郁而化火等导致。西医认为痤疮发病与皮脂腺导管角化异常、细菌感染、免疫因素、内分泌因素、遗传及心理因素有关，并且痤疮发病过程中都表现有炎症反应，痤疮不单纯是感染性疾病。西医认为导致痤疮发病的主要因素之一是细菌感染，痤疮丙酸杆菌在其中所占比例较大。皮脂为痤疮丙酸杆菌供给了适宜生长的环境，使其繁殖。所产生的酶可分解甘油三酯形成游离脂肪酸，刺激毛囊壁引起炎症，并导致毛囊皮脂腺导管增生和角化过度。其次较多的是表皮葡萄球菌。西医还认为在痤疮发病的全部过程中都具有炎症反应。据此，抗菌和抗炎是痤疮的重要治疗方法。

痤疮的分级可以体现痤疮的严重程度和皮损的性质，根据其严重程度与皮损性质可以选择相应的治疗药物和手段。

（1）依据 Pillsbury 痤疮分级，临床诊断为 Ⅰ～Ⅱ 级轻、中度痤疮，皮损以粉刺、炎性丘疹为主。

Ⅰ级（轻度）：皮损主要为黑头粉刺，散发的炎性丘疹，总病灶数 10～30 个。

Ⅱ级（中度）：皮损主要为粉刺，中等数量的丘疹和浅在性脓疱，散发炎性丘疹，局限在面部，总病灶数 31～50 个。

（2）参照 2002 年版《中药新药临床指导原则（试行）》，并遵照 PillSbury 及国际改良痤疮诊断、分级方法制定临床分级分度标准。

Ⅰ级（轻度）：主要皮损为黑头（开放性）粉刺，少量散发炎性丘疹，病灶总数 10～30 个。

Ⅱ级（较轻中度）：皮损局限于面部，以粉刺为主，含中等数量的炎性丘疹及浅在性脓疱，病灶总数 31～50 个。

Ⅲ级（较重中度）：以分布广泛的深在性丘疹及脓疱为主，总病灶数 51～100 个，结节数目不超过 3 个。皮损范围超出颜面，可见于颈、胸、背。

Ⅳ级（重度）：在Ⅲ级基础上，并见疼痛性结节和囊肿，结节囊肿超过3个，病灶数量超100个，易形成瘢痕甚至毁容。

（3）辨证分型标准依据《中国痤疮治疗指南（2019年修订版）》制定。

肺经风热型：皮损以红色或皮色丘疹、粉刺为主，或有痒痛，小便黄，大便秘结，口干；舌质红、苔薄黄、脉浮数。相当于痤疮分级中的1、2级。

脾胃湿热型：皮损以红色丘疹、脓疱为主，有疼痛，面部、胸背部皮肤油腻，可伴口臭、口苦，纳呆，便溏、黏滞不爽或便秘，尿黄；舌红苔黄腻，脉滑或弦。相当于痤疮分级中的2、3级。

痰瘀凝结型：皮损以结节及囊肿为主，颜色暗红，也可见脓疱，日久不愈；可有纳呆，便溏，舌质淡暗或有瘀点，脉沉涩。相当于痤疮分级中的4级。

冲任不调型：皮损好发于额、眉间或两颊，在月经前增多加重，月经后减少减轻，伴有月经不调、经前心烦易怒、乳房胀痛，平素性情急躁；舌质淡红苔薄，脉沉弦或脉涩。相当于有高雄激素水平表现的女性痤疮。

（4）《中国痤疮治疗指南（2019年修订版）》将痤疮分为三度四级。

轻度（Ⅰ级）：仅有粉刺。

中度（Ⅱ级）：炎性丘疹。

中度（Ⅲ级）：脓疱。

重度（Ⅳ级）：结节、囊肿。

四、依赖生物技术的消炎祛痘功效评价方法

皮肤油脂包括皮脂腺分泌的油脂和表皮油脂，如角鲨烯、胆固醇等。这些油脂扩散到皮肤表面与水乳化形成皮脂膜，可滋润皮肤、防止水分蒸发，但皮肤油脂分泌过多会造成皮肤暗沉、痤疮、脂溢性皮炎等皮肤问题。通过宏基因组学测序技术分析发现，在油脂分泌较为旺盛的部位，微生物多样性较低，只有少部分特定的细菌能够耐受此环境。痤疮丙酸杆菌和葡萄球菌是这些皮脂腺分泌旺盛部位中的优势菌。在皮肤较为干燥的区域，微生物的多样性反而要高于潮湿的区域。通过观察皮肤的微生物菌群，能够一定程度反映皮肤状况。痤疮丙酸杆菌是丙酸杆菌属中与临床有关的一种杆菌，存在于正常皮肤的毛囊和汗腺中，能使皮脂中的类脂形成长链脂肪酸，刺激局部引起皮脂管的梗阻，并促使金黄色葡萄球菌等繁殖。测定化妆品对痤疮丙酸杆菌和金黄色葡萄球菌等菌种的杀菌作用，可以对化妆品的抗粉刺功效进行评价。

人急性单核细胞白血病细胞（THP-1细胞）与痤疮丙酸杆菌共培养建立的痤疮相关炎症模型，采用THP-1单核细胞与痤疮丙酸杆菌共培养的方法建立模型，通过检测不同菌浓度和菌形式对THP-1细胞炎症因子IL-1β的分泌量的影响来筛

选合适的建模条件。此外，痤疮丙酸杆菌刺激 THP-1 细胞后，THP-1 的 IL-1β 分泌量明显升高。可以通过 Elisa、Western blot 的实验方法推断样品对痤疮丙酸杆菌诱导 THP-1 细胞炎症因子表达及其抗炎作用机制。

第五节 抗敏抗刺激功效评价中的生物技术

一、传统抗敏抗刺激功效评价方法

传统的抗敏抗刺激功效评价中，常采用透明质酸酶抑制试验、被动皮肤过敏试验、局部淋巴结试验、急性眼刺激性/腐蚀性试验、乳酸刺激试验、皮肤刺激性/腐蚀性试验、人体皮肤斑贴试验、细胞水平检测等方法。

1. 透明质酸酶抑制试验

透明质酸酶是透明质酸的特异性裂解酶，抑制透明质酸酶的活性即可保证透明质酸的含量和正常功能。透明质酸酶抑制试验是最典型的抗敏活性评价体外方法，以透明质酸酶抑制率为指标评价物质的抗过敏活性，透明质酸酶抑制率越大则抗过敏活性越强。透明质酸酶是透明质酸的特异性裂解酶，透明质酸在人体的皮肤弹性、器官形成、细胞黏附、创伤愈合和血管形成等的发育和调控过程中起主要作用。抑制透明质酸酶的活性可使透明质酸不被分解，维持正常的生理功能。机体发生过敏性疾病或产生炎症时，肥大细胞中作为化学传递物质的组胺起着重要作用。通过测定组胺的浓度，可评价样品抗过敏效果。透明质酸酶是过敏反应的参与者。已有研究表明，透明质酸酶与炎症和过敏具有相关性，许多抗过敏药物都有较强地抑制透明质酸酶活性的作用。Coleman 等在 1983 年曾报道，影响肥大细胞释放组胺的药物能够调节透明质酸酶的生物活性，透明质酸酶活性越高，组胺的释放量就越高，透明质酸酶活性的抑制作用和肥大细胞释放组胺之间具有很好的相关性。Tolksdorf 等也提出透明质酸酶参与了组织发炎过程，是 I 型超敏反应（指已致敏的机体再次接触相同抗原后在数分钟内所发生的超敏反应）的参与者。因此，透明质酸酶体外抑制试验常作为测定抗过敏活性的方法。抗过敏活性以透明质酸酶抑制率为指标，透明质酸酶抑制率越大则抗过敏活性越强。

2. 被动皮肤过敏试验（PCA）

PCA 多采用大鼠作为实验对象，包括致敏、被动皮肤致敏和激发三个过程。以卵白蛋白或天花粉致敏大鼠，采血得致敏血清；另取大鼠在背部皮下注入致敏血清，48 h 后进行受试品抗原激发，尾静脉注射同种抗原和伊文思蓝；测量大鼠背部蓝斑大小，直径＞0.5mm 者为致敏阳性。当抗原微量或致敏率低时，在抗原

中加入佐剂氢氧化铝凝胶可提高抗原免疫敏感性。

3．豚鼠最大化试验（GPMT）和豚鼠封闭斑贴试验（BT）

豚鼠试验选取豚鼠 20～30 只，通过皮肤涂抹或颈背部皮下注射受试品使其致敏，致敏剂量应足够高，以产生轻中度皮肤刺激且能全身耐受为宜。经 6～8 天局部诱导，第 20～22 天给予激发剂量，用含受试品的封闭片对豚鼠背部贴敷，去除贴片后，观察皮肤出现红斑、水肿、结痂等情况并给予评分。若最终难以确定致敏性，可在 1 周后再次激发。BT 的抗原刺激强度弱于 GMPT，敏感性稍低，对致敏性稍弱的受试品可能产生假阴性结果。

4．小鼠耳肿胀试验（MEST）和非侵入性小鼠耳肿胀试验（MESA）

小鼠试验是 20 世纪 80 年代开发的豚鼠试验的替代方法，选用 6～8 周龄健康小鼠，MEST 中对小鼠皮内注射完全弗氏佐剂，用胶带剥离小鼠腹部皮肤角质层，涂抹受试品，连续致敏 3 天。第 10 天给小鼠左耳涂受试品激发，右耳涂溶剂作对照，以耳厚为指标评估受试品致敏性。一般以实验组耳厚超过对照组 20% 为致敏阳性。MESA 在小鼠腹部涂抹受试品，5 天后在耳部涂抹以激发，分别在 24h、48h、72h 时测量耳廓肿胀程度。MESA 是迟发型超敏反应模型，与 MEST 相比，无注射佐剂、麻醉、破坏角质层屏障等操作，常用于检测接触性皮炎的致敏原，可检测出弱致敏物和芳香物质中的致敏成分。

5．局部淋巴结试验（LLNA）

LLNA 原理是致敏物作用于小鼠耳背后引起耳局部淋巴结内 T 淋巴细胞活化增殖，增殖量与受试品致敏性成正比。用含受试品的溶液涂抹小鼠耳背 3 天，第 5 天将用放射性 ^{3}H 标记的受试物注入小鼠尾静脉激发，剔除耳部淋巴结，制备单细胞悬液，使用流式细胞仪计数受试品引起的 T 淋巴细胞增殖量，并计算与赋形剂组增殖量的比率（即刺激指数 SI），若 SI≥3，则认为受试品致敏阳性。

6．急性眼刺激性/腐蚀性试验

受试物以一次剂量滴入每只实验动物的一侧眼睛结膜囊内，以未作处理的另一侧眼睛作为自身对照。在规定的时间间隔内，观察对动物眼睛的刺激和腐蚀作用程度并评分，以此评价受试物对眼睛的刺激作用。观察期限应能足以评价刺激效应的可逆性或不可逆性。眼刺激性指眼球表面接触受试物后所产生的可逆性炎性变化；眼腐蚀性指眼球表面接触受试物后引起的不可逆性组织损伤。具体眼损害评分标准见表 5-3。

7．皮肤刺激性/腐蚀性试验

将受试物一次（或多次）涂敷于受试动物的皮肤上，在规定的时间间隔内，观察动物皮肤局部刺激作用的程度并进行评分。采用自身对照，以评价受试物对皮肤的刺激作用。急性皮肤刺激性试验观察期限应足以评价该作用的可逆性或不可逆性。皮肤对各种刺激的反应评分如表 5-4 所示。

表 5-3 眼损害的评分标准

眼损害		积分
角膜混浊（以最致密部位为准）	无溃疡形成且无混浊	0
	散在或弥漫性混浊，虹膜清晰可见	1
	半透明区易分辨，虹膜模糊不清	2
	出现灰白色半透明区，虹膜细节不清，瞳孔大小勉强可见	3
	角膜混浊，虹膜无法辨认	4
虹膜损伤	无	0
	皱褶明显加深，充血、肿胀、角膜周围有中度充血，瞳孔对光仍有反应	1
	出血、肉眼可见破坏，对光物反应（或出现其中之一反应）	2
结膜充血（指睑结膜、球结膜部位）	无	0
	血管充血呈鲜红色	1
	血管充血呈深红色，血管不易分辨	2
	弥漫性充血呈紫红色	3
水肿	无	0
	轻微水肿（包括瞬膜）	1
	明显水肿，伴有部分眼睑外翻	2
	水肿至眼睑近半闭合	3
	水肿至眼睑大半闭合	4

表 5-4 皮肤刺激反应评分

皮肤反应		积分
红斑和焦痂形成	无红斑	0
	轻微红斑（勉强可见）	1
	明显红斑	2
	中度/重度红斑	3
	严重红斑（紫红色）至轻微焦痂形成	4
水肿形成	无水肿	0
	轻微水肿（勉强可见）	1
	轻度水肿（皮肤隆起轮廓清楚）	2
	中度水肿（皮肤隆起约 1mm）	3
	重度水肿（皮肤隆起超过 1mm，范围扩大）	1
最高积分		8

8. 乳酸刺激试验

乳酸刺激试验（LAST）是应用较为广泛的评价方法之一，由 Frosch 等设计的 LAST 一直被认为是评价敏感性皮肤的最有效办法，其中最经典的是涂抹法：

在室温下，将 5%或 10%的乳酸水溶液涂抹于鼻唇沟及任意一侧面颊，分别在
0min，2.5min，5min 和 8min 时询问受试者的自觉症状，按 4 分法进行评分（0
分为没有刺痛感，1 分为轻度刺痛，2 分为中度刺痛，3 分为重度刺痛）。然后将
两次分数相加，总分≥3 分者为乳酸刺激反应阳性。当皮肤屏障受损，乳酸进入
皮肤后，刺激无髓 C 类神经，从而产生刺痛感。皮肤刺激强度按表 5-5 分级。

表 5-5　皮肤刺激强度分级

积分均值	强度	积分均值	强度
0～<0.5	无刺激性	2.0～<6.0	中刺激性
0.5～<2.0	轻刺激性	6.0～<8.0	强刺激性

9．人体皮肤斑贴试验

皮肤封闭性斑贴试验选用面积不超过 50mm^2、深度约 1mm 的合格斑试器材。
将受试物放入斑试器小室内，用量约为 0.020～0.025g（固体或半固体）或 0.020～
0.025mL（液体）。受试物为化妆品产品原物时，对照组为空白对照（不置任何物
质），受试物为稀释后的化妆品时，对照组使用该化妆品的稀释剂。将加有受试物
的斑试器用低致敏胶带贴敷于受试者的背部或前臂曲侧，用手掌轻压使之均匀地
贴敷于皮肤上，保持贴敷 24h。此试验中皮肤反应分级标准见表 5-6。

表 5-6　皮肤封闭性斑贴试验的皮肤反应分级标准

反应程度	评分等级	皮肤反应
－	0	阴性反应
＋	1	可以反应，仅有微弱红斑
±	2	弱阳性反应（红斑反应）：红斑、浸润、水肿、可有丘疹
++	3	强阳性反应（疱疹反应）：红斑、浸润、水肿、丘疹、疱疹，反应可超过受试区
+++	4	极强阳性反应（融合性疱疹反应）：明显红斑、严重浸润、水肿、融合性疱疹，反应超出受试区

重复性开放型涂抹试验：按受试者入选标准选择参加试验的人员，至少 30
名。以前臂曲侧作为受试部位，面积（3×3）cm^2。受试部位应保持干燥，避免接
触其他外用制剂。将试验物以约（0.050 ± 0.005）g(mL)/次、每天 2 次均匀地涂于
受试部位，连续 7 天，同时观察皮肤反应。在此过程中如出现 3 分或 3 分以上的
皮肤反应，应根据具体情况决定是否继续试验。皮肤反应评判标准按表 5-7 记录
结果。

表 5-7 皮肤重复性开放型涂抹试验的皮肤反应评判标准表

反应程度	评分等级	皮肤反应临床表现
−	0	阴性反应
+	1	微弱红斑、皮肤干燥、皱褶
±	2	红斑、水肿、丘疹、风团、脱屑、裂隙
++	3	明显红斑、水肿、水疱
+++	4	重度红斑、水肿、大疱、糜烂、色素沉着或色素减退、痤疮样改变

二、过敏的类型及症状

皮肤过敏主要是指人体接触到某些过敏原而引起皮肤红肿、发痒、风团、脱皮等皮肤病症。主要表现为多种皮炎、湿疹、荨麻疹等。具体的过敏原可以分为接触过敏原、吸入过敏原、食入过敏原和注射入过敏原四类，每类过敏原都可以引起相应的过敏反应。化妆品引起过敏的症状有变应性接触性皮炎（ACD）、免疫反应（如Ⅳ型变态反应）。

三、过敏的机制

刺激因子（物质）指能被人体感受并引起组织细胞、器官和机体发生反应的内外环境变化，可分为 4 类。①物理性：电、机械、温度、声波、光等；②化学性：酸、碱、药物等；③生物性：细菌、病毒等；④社会心理性：情绪激动、社会变革等。

刺激性接触性皮炎（ICD）也称"即发性过敏"，指皮肤接触刺激而引起的组织细胞损伤。ICD 是一种不产生特异性抗体的皮肤炎症，一次或多次刺激均可能发病。ICD 形态变化广泛，在急性期主要表现为皮肤红斑、水肿、脱屑和角质形成细胞囊泡化样变等。通常认为，只要接触物的刺激强度超过皮肤耐受阈值，任何人均可发病。ICD 发生时经常伴有皮肤基础生物物理指标的改变，包括：电容值降低，经皮水分散失量（transepidermal water loss，TEWL）增加，pH 值增高等。其中，TEWL 的增加会导致皮肤天然屏障功能的快速丧失，若角质层水分含量少于 10%，角质层即变脆、易裂，使屏障功能下降。

化妆品接触性皮炎（CD）是皮肤与化妆品接触后诱发的急、慢性皮肤炎症反应。化妆品中常见过敏原为化妆品原料中的香料。此外，防腐剂、乳化剂也会引起化妆品过敏。

四、依赖生物技术的抗敏抗刺激功效评价方法

目前较前沿的抗敏功效评价方法有肥大细胞脱颗粒法，相关抗体、活性细胞

及过敏介质检测法，体外细胞试验法等。

1. 肥大细胞脱颗粒法

肥大细胞是速发型过敏反应的靶细胞。大鼠肥大细胞可与大鼠血清共同温育后致敏，当再次受到相应抗原攻击时，发生抗原-抗体反应，激活细胞内的酶，即可排出碱性颗粒和化学介质，称为被动（间接）肥大细胞脱颗粒试验。若药物能抑制脱颗粒，则认为具有抗过敏作用。

2. 相关抗体、活性细胞及过敏介质检测法

人外周血嗜碱性细胞（KU812）常被用作研究过敏反应的效应细胞。在 KU812 细胞表面具有高亲和性的 IgE 受体（即 FcεRI），B 细胞产生的 IgE 受体与 KU812 细胞产生的 FcεRI 结合导致 KU812 释放炎性介质白细胞介素-6（IL-6）和组胺等。IL-6 被称为细胞因子的核心成员之一，是由多种细胞产生的一种具有多种生物学活性的刺激因子。IL-6 可以提高白细胞介素-4（IL-4）表达和 IgE 产生，并参与免疫应答，使接触性皮炎、哮喘和风湿性关节炎等过敏现象出现的可能显著提高。研究表明，IgE 与 FcεRI 受体的结合与细胞膜受体（TLRs）家族的信号启动密切相关。

① 用 IgE 刺激外周血嗜碱性细胞释放白三烯 D4 的作用：Ⅰ 型变态反应的一个重要问题是致敏嗜碱性白细胞和肥大细胞释放化学介质。近年来已明确，在作为化学介质主要成分的过敏性慢反应物质（SRS-A）中，主要活性物质是白三烯 D4（LTD4）。可以自血液中分离出嗜碱性白细胞进行体外培养，以每毫升 $2×10^{-2}$mg 抗体氮的 IgE 刺激，在第二步时加入受试药液，按 Samuelsson 法测定 LTD4 含量。

② 血清 IgE 含量测定：Ⅰ 型变态反应是以 IgE 为主介导的变态反应，IgE 抗体是主要的变应原刺激机体产生的亲细胞抗体。通过对血清中 IgE 含量进行测定，观察药物对其含量有无影响，借此分析药物有无抗过敏作用及作用机理。血清 IgE 水平的测定可用酶联免疫吸附法或琼脂单向扩散法等。

3. 角质细胞系试验

角质形成细胞占皮肤角质层 90%以上，外源性抗原首先与角质细胞接触才能触发皮肤免疫，其分泌的 IL-8、IL-18 等对表皮朗格汉斯细胞的激活起了重要作用。角质细胞系试验可选用人角质形成细胞株 NCTC2544 或 HaCaT，用不同浓度的受试品与角质细胞孵育 24h，通过 ELISA 法检测胞内 IL-18 表达量。角质细胞系试验不能区别受试品为致敏物还是刺激物，如果可确定为致敏物，还可评估受试品的致敏潜力。

4. 红细胞溶血试验

该试验是常用于判定产品刺激性的重要测试之一，通过测定化学物质对细胞

膜的损伤（溶血）和对血红蛋白的损害（血红蛋白变性）程度来评价受试物对眼组织细胞的损伤。红细胞溶血试验（RBC hemolysis test system）由欧洲替代方法验证中心（ECVAM）建立，最初用于替代 Draize 兔眼实验中化合物眼刺激性的标识、筛查或机制研究，其原理在于通过测定从红细胞中漏出的血红蛋白的量来评价细胞膜的损伤程度，血红蛋白漏出量越多，损伤越大。

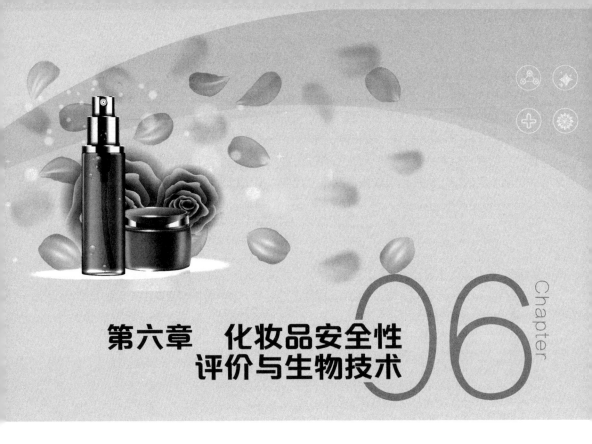

第六章　化妆品安全性评价与生物技术

第一节　生物技术在化妆品安全评价中的应用趋势

近年来，随着生物技术在分子生物学、医药等领域的快速发展，生物技术和生物制剂在化妆品原料的研发、化妆品的安全性和功效性评价等化妆品工业领域中的多个环节得到了广泛推广和应用。生物技术在生命科学和皮肤科学方面取得的新成就为化妆品的安全性评价提供了新的手段和方法。如检测化妆品刺激性、检测化妆品中致病菌等。生物技术在化妆品安全性评价中的应用优势主要在于模拟人体皮肤表面的组织结构，从而减少动物实验和人体实验所带来的风险，分为细胞实验和人体皮肤模型。现有的技术缺陷在于细胞与皮肤模型无法完全还原皮肤内部的真实状况，因此采用前沿的生物技术进行细胞培养和构建完整的皮肤模型显得至关重要。

化妆品的安全性评价是保障化妆品质量的重要环节。我国化妆品安全性评价体系包括毒理学试验、体外遗传毒性试验和人体安全性试验。毒理学试验中的皮肤刺激性、眼刺激性、皮肤致敏性等以动物试验为主。1959年英国科学家提出"3R"（reduction，refinement，replacement）原则，该原则旨在减少、优化、替代动物试验。随着生物技术的发展，细胞、分子等生物学手段被引入到毒理学研究中，开展了系列体外试验替代动物试验。新的体外研究方法如计算机模拟毒性当量、体外重建组织器官、永生化细胞系等检测方法在逐步替代传统的动物实验。在化妆品的安全性评价中，非动物检测的呼声越来越高，生物技术在化妆品安全评价上的应用使化妆品研究更加绿色、环保、科学。从科学的角度来看，动物皮肤及角膜无论在生物学构造还是生理功能方面都与人的皮肤和角膜存在差异，以动物试验模拟人实际使用化妆品的情况存在种属间的偏差；某些局部毒性的经典毒理学试验如眼刺激、皮肤刺激性（腐蚀性）的家兔试验，检测方法的评分标准较为主观，不如体外的人工角膜、人工皮肤模型的结果精准客观。从法规要求来看，随着欧盟化妆品动物试验禁令的实施，使用非动物试验进行化妆品安全评估成为了越来越多的国家和地区努力实现的目标。

替代试验的研发思路由最开始的以离体器官、屠宰场废料、鸡胚等取代整体动物的方法，发展至体外细胞系试验，以重建人体组织（眼角膜、皮肤模型）为研究对象的方法，再发展至以微生理为基础的"human-on-chips"或者称为"lab-on-chips"的芯片技术，以及以计算机技术为基础的定量构效关系（QSAR）。广东省疾病预防控制中心研究了鸡胚尿囊膜绒毛膜试验（HET-CAM）与动物眼刺激试验对 26 种阳性参考物和 20 种化妆品产品的一致性，以探讨用 HET-CAM 代替兔眼刺激性试验的效能及实际应用的可能性。

化妆品安全性评价中，已经过验证的用来评价局部毒性的替代方法较多，包括皮肤刺激（腐蚀）性、眼刺激（腐蚀）性、皮肤光毒性、皮肤致敏性等，可以实现通过单一方法或几种替代方法组合的策略评价化妆品及其配方、原料的安全性，且在评价过程中完全不使用整体动物试验。但是在全身毒性试验方面（遗传毒性、致癌性、胚胎毒性等），至今还没有可以完全取消动物试验的策略，尤其在亚急性和长期毒性的评估中，仍然依赖整体动物试验来提供可靠的数据。根据替代方法的研究和使用经验，逐步形成了根据特定的毒理学终点，"自上而下"或"自下而上"地有序选择一系列试验形成"组合策略"，达到有效筛选毒性的目的。例如评价一个受试物的眼刺激性，可以从评价腐蚀性的试验开始，一直测到评价刺激性的试验结束，或反过来检测。组合策略可以高效快速地筛选出结果，也可以弥补单一试验的局限性。近一两年的经济合作与发展组织（OECD）化学品检验指南中，每一个试验由原来仅有方法名称调整为增加试验目的及适用条件的形式，更加方便进行选择。

第二节　安全性评价的替代性实验

一、细胞毒性与系统毒性测试

外源添加活性成分的细胞毒性体现为其对体外培养环境下细胞的生长增殖存在一定的抑制作用，该抑制作用随着给药剂量的增加而逐渐增强。而在化妆品中，常出现活性成分在某一浓度范围内对细胞无明显毒性作用，一旦超出安全浓度范围，随着成分浓度的增加，细胞活力将不断下降。可通过细胞毒性的检测来确定活性成分的安全浓度，并结合其他评价结果得到活性成分的配方添加量。

常见的毒性增殖检测方法有化学比色法和实时无标记分析法，MTT 法、XTT 法、CCK-8 法、ANNEXIN-V 和 PI 双染法、WST-1 法、MTS 法及 RTCA 法。MTT 法又称 MTT 比色法，是一种检测细胞存活和生长的方法。其检测原理为活细胞线粒体中的琥珀酸脱氢酶能使外源性 MTT（四甲基偶氮唑盐）还原为水不溶性的蓝紫色结晶甲𝄽（formazan）并沉积在细胞中，而死细胞无此功能。二甲基亚砜（DMSO）能溶解细胞中的甲𝄽，用酶联免疫检测仪在 540nm 或 720nm 波长处测定其光吸收值，可间接反映活细胞数量。在一定细胞数范围内，MTT 结晶形成的量与细胞数成正比。采用 MTT 法检测水提银耳多糖对人皮肤成纤维细胞的毒性，实验表明银耳多糖溶液质量浓度在 0～200mg/L 范围内时，人皮肤成纤维细胞成活率为 1，说明水提银耳多糖对人皮肤成纤维细胞没有毒性。

XTT 是一种与 MTT 类似的四唑氮衍生物，可被活细胞线粒体脱氢酶还原成水溶性的棕色甲𝄽产物，当 XTT 与电子偶合剂共同使用时，甲𝄽的生成量与细胞的增殖程度呈正相关。采用 XTT 法研究银胶菊内酯对人皮肤癌细胞 HaCaT 和 A375 凋亡的影响。实验利用荧光染色法检测细胞形态学变化，ELISA 法检测细胞 DNA 断裂影响，流式细胞仪检测细胞周期。彭蕾蕾等人发现银胶菊内酯明显抑制 HaCaT 和 A375 细胞的增殖，且低浓度的银胶菊内酯能通过分别阻滞 HaCaT 和 A375 细胞的 S 期和 G0/G1 期诱导细胞凋亡，因此可根据 XTT 法的原理，依据细胞存活率评价受试物的细胞毒性。

CCK-8 法是指 CCK-8 试剂中所含有的 WST-8 会在电子载体 1-甲氧基-5-甲基吩嗪硫酸二甲酯的作用下被细胞线粒体中的脱氢酶还原为具有高度水溶性的黄色甲𝄽产物。生成的甲𝄽的数量与活细胞的数量成正比。用酶联免疫检测仪在 450nm 波长处测定其光吸收值，可间接反映活细胞数量。在考察穿心莲内酯和脱水穿心莲内酯在人肺腺癌 A549 细胞株的毒性情况时采用了 MTT 法和 CCK-8 法，发现 CCK-8 和 MTT 两种方法检测得到的细胞存活率的数据具有一致性，而用 MTT 法测定穿心莲内酯和脱水穿心莲内酯的 CC_{50} 值的变异系数（CV）均大于 CCK-8 法得到 CV 值，表明 CCK-8 法检测的精密度较 MTT 法更高，且回归方程拟合优度的判定系数和细胞存活率的标准偏差数值表明 CCK-8 法测定的准确度相对 MTT 法更高。此外，CCK-8 法操作更为简便和快速，对实验者和环境危害低。因而，CCK-8 法值得在细胞增殖和受试物毒性检测等实验中推广应用。

实时无标记细胞分析（RTCA）法是一种基于电子传感系统的新型细胞生长监测方法。采用 RTCA 技术检测各浓度稀释液的人口腔表皮癌（KB）细胞、宫颈癌细胞株（Hela）的体外细胞毒性并进行比较，2.5%、5%、10% 的抗菌剂 APP 对 KB 细胞的生长有很强的抑制作用。抗菌剂 APP 的浓度低于 1.25% 时对 KB 细胞的毒性较小。5%、10% 的抗菌剂 APP 对 Hela 细胞的生长有较强的抑制作用，抗菌剂 APP 浓度低于 2.5% 时对 Hela 细胞的毒性较小。抗菌剂 APP 的细胞毒性越小，生物安全性越好。

系统毒性涉及整个生物体的毒性反应，包括全身各个系统的组织、器官或细胞等的毒性。全身毒性分为急性毒性、亚急性毒性、亚慢性毒性和慢性毒性。细胞毒性是由细胞或化学物质引起的单纯细胞杀伤事件，不依赖于凋亡或坏死的细胞死亡机理。有时需要进行特定物质细胞毒性的检测。细胞毒性检测主要根据细胞膜通透性的改变来进行，常用 MTT 法、XTT 法。利用线粒体内部酶的活性，可以将特定的四唑盐类进行转化，然后通过酶标仪进行检测。

LDH 的方法是通过检测细胞培养上清中乳酸脱氢酶（LDH）的酶活性，来检测细胞毒性；其他酶方法还有诸如检测上清中碱性磷酸酶、酸性磷酸酶的活性等。按作用机制可分 3 种类型：基本细胞毒性，涉及一种或多种细胞结构或功能的改变，作用于所有类型的细胞；选择细胞毒性，存在于某些分化细胞上，主要通过化学物质的生物转化，与特殊受体结合或由特殊的摄入机制所引发；细胞特殊功能毒性，对细胞结构和功能损伤轻微，但对整个机体损伤非常严重。类似毒性作用可通过细胞因子、激素和递质的合成、释放、结合和降解影响细胞与细胞间的交流或通过特殊的转运过程实现。毒性作用也可能来自化学物质对细胞外过程的干扰，任何一种非动物检测系统都应对多种因素加以考虑。1983 年 Ekwall 提出"基本细胞功能"的概念，即多数化学物质的毒性作用是对细胞功能的非特异性损伤，却可引起器官功能的特异性改变甚至机体死亡。

有研究表明，化学物质的体外细胞毒性与动物死亡率及人体死亡的血药浓度之间都存在相关性。人体和动物受到化学物质造成损伤或死亡的最终表现是体现于细胞水平上的，所以体外细胞毒性试验可以在一定程度上预测体内急性毒性。

体外细胞毒性和急性毒性之间的定量研究，主要分析美国国立职业安全与卫生研究所化学物质毒性作用数据库（registry of cytotoxicity，RC）中体外细胞毒性的 IC_{50} 值和体内急性毒性 LD_{50} 的不同值，用获得预测的 RC 模型来预测 LD_{50} 的

毒性。其中，研究发现 BALB/c、3T3 细胞和人正常角质细胞（NHK）具有良好的稳定性及预测能力，因此可使用以上细胞作为细胞毒性分析常用细胞系，其他细胞系及检测终点也可根据具体试验需求选择。

二、皮肤刺激性与腐蚀性测试

化妆品原料及产品对皮肤的损伤主要包括对皮肤的刺激性和腐蚀性，皮肤刺激性是指皮肤接触受试物后产生的局部可逆性损伤，腐蚀性指的则是不可逆损伤。

皮肤刺激性测试有重组人表皮模型试验，人表皮模型来源于体外诱导培养的角质形成细胞。已经过验证的四个模型有 EpiSkin^{TM}、EpiDerm^{TM}、SkinEthic^{TM}、LabCyte EPI -MODEL24 SIT，其方法为将受试产品涂抹于皮肤模型并暴露一段时间，采用 MTT 法测试细胞存活率，若细胞存活率大于 50%，则该产品对皮肤无刺激。

皮肤腐蚀性测试有重组人表皮模型、体外膜屏障试验、大鼠透皮电阻试验。人表皮模型中常见的模型有 EpiSkin^{TM}、EpiDerm^{TM} SCT、SkinEthic^{TM} RHE 和 EpiCS。以 EpiSkin^{TM} 模型为例，当受试物暴露 3min 后，若细胞存活率<35%，则有腐蚀性，属 1A；若暴露 240min 后，存活率≥35%，则无腐蚀性；若暴露 3min 后存活率≥35%，且暴露 60min 后存活率<35%，则有腐蚀性，属 1B 和 1C。体外膜屏障试验由人造的大分子生物膜和检测系统（CDS）两部分组成，将受试物作用于大分子生物膜后，检测膜屏障的受损情况。通过 pH 指示剂颜色考察膜屏障的渗透性。将待测的化学物质暴露于离体的大鼠皮肤表面，具有腐蚀性的受试物可破坏表皮角质层的物理性，可使通过皮片的电阻值（TER）明显降低。若经皮电阻值>5kΩ，则受试物无腐蚀性；若经皮电阻≤5kΩ，而且该受试物不是表面活性物质或中性有机溶剂，则评定受试物具有腐蚀性；如果受试物为表面活性物质或中性有机溶剂，经皮电阻≤5kΩ，可增加硫丹明 B 染色剂穿透试验，以确定是否出现假阳性。

目前，OECD 认可的皮肤刺激（腐蚀）性的替代试验只有 3 类：大鼠经皮电阻试验（TER）、体外皮肤刺激性和腐蚀性的重组人表皮模型试验（RHE）和体外皮肤腐蚀性膜屏障试验。其中，人工皮肤模型类的试验因使用的试验材料为体外培养的人永生化细胞系，通过模拟表皮和真皮的生理结构进行培养，所以结果与人体结果的相关度较高，很多化妆品企业选择人工皮肤模型进行产品的研发和质量控制，以筛选到刺激性更小的产品，如婴儿无泪沐浴产品等。但 OECD 的标准中认可的皮肤模型仅有 4 种（EpiSkin、EpiDerm、SkinEthic 和 EpiCS），均为国外生产，如在我国使用，培养和运输成本将提高。由于皮肤模型属于生物活性材料，运输和使用的日期将直接影响检测结果的准确性。体外皮肤腐蚀性膜屏障试验主要用于评价可透皮吸收的化妆品原料的腐蚀性。大鼠经皮电阻试验方法（TER）可以满足评价皮肤腐蚀性的需要，但因为其试验材料是实验大鼠的背部皮肤，因此该方法只能算对传统动物试验的优化，不能满足化妆品动物试验禁令的法规要求。

化妆品对皮肤的刺激性可以通过化妆品对血液中红细胞的刺激程度来衡量，当其对红细胞的刺激达到一定程度时，红细胞会破裂流出红色细胞内液，使细胞培养液变红。测量培养液的吸光度，吸光度越大说明细胞溶血率越高，该物质的刺激性越大。彗星试验是国际公认的检测理化因子作用于细胞后引起 DNA 链断裂的方法，采用十二烷基硫酸钠（SDS）作为红细胞 DNA 损伤的诱导因子，通过彗星分析软件（comet assay software project，CASP）对彗星试验结果进行分析，检测化妆品的刺激性。

三、眼刺激与腐蚀性测试

眼刺激试验是化妆品安全性评价的重要方面，所以国内外对此替代法的研究较多。眼部毒性的测试方法很多，可用的替代方法也很多。OECD 认可的试验就有 5 种：牛眼角膜渗透性通透性试验（BCOP）、离体鸡眼试验（ICE）、细胞培养型的荧光素渗漏试验（FL）、体外短时间暴露试验、重组人角膜组织试验，还有一个正在验证中的细胞传感器微生理仪试验（CM）。除 OECD 和美国已经验证的方法外，欧盟 ECVAM 验证过的方法还有鸡胚绒毛尿囊膜试验（HET-CAM）、红细胞溶血法（RBC）、中性红释放法和离体兔眼法。目前，国际上最常用的方法是 BCOP。科学研究发现，猪眼角膜在生理结构及反应结果方面与人角膜更为接近，因此也开始有利用猪眼角膜进行渗透性通透性试验的研究。

长期以来，通过眼刺激试验进行化妆品安全性评价时多采用兔眼 Draize 试验，我国化妆品卫生规范中的眼刺激试验也是引用此方法。然而随着替代试验呼声的日益增高，急需建立有效的眼刺激替代试验。尽管有不少体外眼刺激研究的报道，但目前尚未有被 OECD 所接受的眼刺激替代方法。当前研究采用的是以细胞毒性为基础的试验，步骤简单快速、毒性终点易于测定，适合大样本高通量的检测，相比于其他研究中的组织模型、离体组织或 CAM 等替代方法具有独特的优点。日本化妆品工业协会早在 20 世纪 90 年代就进行了包括 SIRC 细胞在内的体外眼刺激试验的验证（如 SIRC 结晶紫染色试验、SIRC 中性红染色试验），但并未为欧盟所认可。这些以细胞为对象的试验，由于缺失体内复杂的代谢系统，假阳性的比率普遍较高。另外，由于细胞毒性试验干预细胞的时间通常为 24h，受试物必须较好地溶解在培养基中，这对受试物溶解性的要求很高，因此也限制了该方法的使用。日本 KAO 公司较早地使用 SIRC 为模板，建立了针对化妆品成分的

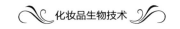

STE 法。此方法使用 5min 的暴露时间，既反映了眼刺激发生的实际情况，又可使受试物在相应的溶剂中直接干预细胞，适用于不同性状的受试物，试验周期也大为缩短。目前这个方法正在日本替代法验证中心（JCVAM）的组织下开始验证试验。然而，包括 STE 法在内的一些体外方法，大多是采用已知刺激度的化学物质建立方法或对系统进行评价，而在实际工作中，有相当一部分样本来源于成分和物理特性复杂的产品。所以需要建立或评估适用于产品的体外方法。

在这种前提下，有研究在 SIRCSTE 试验体系上对 58 种各种类型的化妆品和少量家用保洁产品进行检测，同时采用传统的兔眼 Draize 眼刺激试验进行分级评估，比较体内外分级结果的一致程度，探讨 SIRCSTE 试验替代化妆产品眼刺激试验的可能性。SIRCSTE 试验步骤简单且快速，经与体内试验对比，一致性较好，有作为化妆产品眼刺激替代试验的潜力，特别是对于普通的护肤类产品，但同时存在着假阳性出现频率高等缺陷。有报道认为，每一种体外方法都有一定的局限性，目前还没有一种单独的体外方法可以表现 Draize 试验所覆盖的所有程度的刺激反应，所以鼓励使用组合式的体外试验来综合评价眼刺激反应的实际状况。该试验是以细胞毒性为基础的试验，可以作为组合试验的一部分或初筛试验使用，对于初筛中无刺激性的物质，可不再进行下一步的试验。如初筛分级为有刺激性的物质，则可选用其他体外试验或动物试验进行分级，这样既可以对产品的眼刺激进行正确评价，又可以达到完全替代或减少动物试验的目的。相比一般细胞毒性试验需要的 24h 干预时间，该试验采用短时间（5min）暴露条件，可以用生理盐水、矿物油等作为样品溶剂，克服了许多细胞试验无法检测不溶性物质的缺陷。

眼刺激（腐蚀）性试验中，单一的替代方法是无法完全涵盖整体动物试验所适合的所有刺激性等级范围以及所有种类的物质和产品的，也无法覆盖动物试验的损伤及炎症的标准范围。由于每一个替代方法均有其局限性，因此通常采用组合策略来实现完全覆盖动物试验所显示的刺激性范围。眼刺激（腐蚀）性的替代方法研究思路从最初的离体眼球类试验（离体兔眼、离体鸡眼）发展到利用屠宰场废料的牛角膜浑浊和渗透性试验（BCOP）；从模拟眼睛毛细血管网络的鸡胚绒毛尿囊膜试验，发展到体外细胞系试验（荧光素渗漏试验、短时暴露试验、细胞传感微生理试验），再到体外重组人体角膜试验。其发展历程充分体现了"减少、优化、替代"的"3R"原则。

化妆品原料及产品可能会对眼睛有一定的刺激性和腐蚀性，常见的测试方法主要有牛角膜浑浊和渗透性试验（BCOP）、离体鸡眼试验（ICE）、荧光素漏出试验（FL）、短期暴露试验（STE）、重组人角膜上皮模型试验（RhCE）、鸡胚绒毛尿囊膜试验（HET-CAM）、红细胞溶血试验，各试验的对比情况如表 6-1 所示。

表 6-1　眼刺激及腐蚀性试验测试方法对比情况

名称	类型	内容	特点
牛角膜浑浊和渗透性试验	离体牛眼角膜	参照体外刺激分数（IVIS）：IVIS＞55，则受试物具有严重眼刺激性，不需要其他方法验证；IVIS≤3，则无刺激性；3＜IVIS≤55，则无法判断	不受样品剂型、溶解性限制，但无法区分轻微及中等刺激
离体鸡眼试验	短期离体培养的鸡眼球	角膜膨胀度、角膜浑浊度和荧光素滞留度等数值作为判定指标	适用于固体、液体、乳剂、凝胶状化合物。可用于鉴别化学物质的眼腐蚀和严重眼损伤或无刺激性，但无法区分严重眼刺激和眼损伤
荧光素漏出试验	单/多层细胞	以导致所培养的单/多层细胞 20%荧光素漏出的受试物的浓度 FL20（mg/mL）作为评价指标，FL20≤100mg/mL，即可确定受试物具有眼腐蚀性和严重刺激性	适用于在规定条件下的水溶性无色物质，但不包括强酸、强碱、细胞固定剂、强挥发性物质
短期暴露试验	兔眼角膜细胞	5%和 0.05%质量分数的受试物引起细胞生存率≤70%，则该受试物有刺激性	只能判定刺激性的有无
重组人角膜上皮模型试验	表皮角质细胞	细胞存活率＞60%，则无刺激；若存活率≤60%，代表有刺激	无法区分严重眼损伤和眼刺激
鸡胚绒毛尿囊膜试验	鸡胚尿囊膜	观察绒毛尿囊膜出现充血、出血、凝血变化的时间，计算刺激评分	只能判定受试产品有无刺激性
红细胞溶血试验	红细胞	定量检测红细胞溶血和释放出细胞外的血红蛋白变性程度	适用于区分极轻度和非轻度刺激物，但不能对酸类、碱类、难溶性以及一些低相对分子质量（如丙三醇、丙酮）物质进行眼刺激性的筛选

四、皮肤致敏测试

　　皮肤致敏或过敏性接触性皮炎是皮肤对外源物质产生的免疫源性皮肤反应，即皮肤重复接触某种物质后机体产生免疫介导的皮肤反应。人类的这种反应可能以瘙痒、红斑、丘疹、水肿、水疱、融合性水疱为表现特征。

　　我国《化学品分类和危险性公示通则》和欧盟指令 67/548/EEC 对于危险品的分类、包装和标识同样适用于大多数化妆品原料，但对于有些成分，如某些植物提取物是不适用的。虽然在化妆品安全评价领域中正在尝试以体外替代方法代替体内致敏试验，但考虑到目前尚无有效的替代方法可用，因此，对化妆品原料的致敏评价仍然要依据 OECD 和欧盟的试验指南，在符合良好实验室规范（GLP）的条件下进行必要的动物实验。人体志愿者也常用于过敏评估。在欧洲，由于动物实验被禁止，化妆品终产品的皮肤致敏评价不需再进行动物试验，而主要通过单个成分的动物试验、现有资料分析、历史数据和计算机专家系统分析等方式。

　　化妆品中的过敏原常见于香料香精、防腐剂，以及抗氧化剂、乳化剂、载体和某些防晒剂中。如染发剂中的苯二胺、对胺基苯酚等芳香族化合物，过氧化物、过硫酸铵等，防晒剂中的对氨基苯甲酸等。化妆品引起的皮肤过敏可分为诱导接

触、诱导阶段和激发接触三个阶段。诱导接触是由于机体接触过敏原而诱导出致敏状态，此时皮肤产生较轻的反应或无明显反应，经过一段时间（几周，甚至几年）的诱导期，如果机体再次接触过敏原，就会引起迟发性超敏反应，且在最初染毒部位以外的任何皮肤均可发生。根据皮肤致敏的发生机理，可将化学物质与免疫系统不同部分所发生的复杂的相互作用进行分解，有助于体外试验方法的研发。皮肤致敏可分解为 5 个方面：①化学物质穿透并进入皮肤。②与内源性蛋白反应。③皮肤代谢。有的化学物质称为前半抗原，需要通过皮肤代谢进行活化成为半抗原之后才具备结合皮肤蛋白质的能力。④树突细胞（DC）激活。半抗原化的蛋白质被未成熟的 DC 细胞识别，导致 DC 活化，然后启动一系列的反应。激活后的 DC 具有一些特性，如上调细胞表面标志物（CD83 或 CD86），分泌多种细胞因子（IL-1β），下调参与抗原摄取的蛋白质（如水通道蛋白）。⑤抗原特异性免疫反应。

皮肤致敏性的替代试验主要有 OECD 于 2010 年发布的一系列小鼠局部淋巴细胞试验（LLNA、LLNA：DA、LLNA：BrdU-ELISA），以及 2015 年新增加的两个体外方法：致敏性化学测试方法（keratino sens）和体外直接反应肽试验（DPRA）。

传统最常用的检测化妆品皮肤变态反应的方法是豚鼠最大剂量法和 Buehler 封闭斑贴试验法。人体皮肤致敏试验已开展了 50 多年，研发出许多试验方法，其区别在于斑贴的数量、位置和最大用量等条件，通常可分成单次斑贴试验、人体重复斑贴试验、人体最大化试验。体外替代的方法有：小鼠局部淋巴结试验（local lymph node assay，LLNA）、小鼠耳廓肿胀试验（mouse ear swelling test，MEST）、重建皮肤模型、树突细胞浸没试验、人角质细胞系 NCTC 2544 试验、树突细胞迁移试验、QSAR 模型等。

2013 年欧盟化妆品法规全面生效，新法规保留了禁止动物实验的规定。作为化妆品行业的标杆，欧盟的这一规定促使更多的动物替代试验用于验证受试物的皮肤致敏性，如属于体内替代试验的小鼠局部淋巴结试验、属于体外替代试验的直接肽反应试验（direct peptide reactivity assay，DPRA）、树突状细胞检测法、人细胞系激活实验（human cell line activation test，h-CLAT）、ARE-Nrf2 荧光素酶检测法、人工皮肤/重建表皮模型、结构活性关系分析（structural activity relationship，SAR）等。但其劣势在于，这些方法都无法完全替代豚鼠最大值试验（guinea pig maximization test，GPMT）或局部封闭涂皮试验（buehler test，BT）等动物试验。

1. 小鼠局部淋巴结试验

小鼠局部淋巴结试验（local lymph node assay，LLNA）是鉴别皮肤变态反应的替代方法之一，2002 年被 OECD 正式采用为试验指南（TG 429），同时也是被欧盟 67/548/EEC 认可的方法。其原理是皮肤变态反应在诱导阶段即可引起接触部位局部 T 淋巴细胞的活化和增殖，增殖反应与化学物质的剂量（即致敏原的致敏力）成比例，因此可以通过比较受试物与溶剂对照引起淋巴细胞增殖的剂量与反应的关系（即刺激指数，SI）来评估增殖状况。当刺激指数≥3 时，表明受试物是潜在的皮肤致敏物。LLNA 的优点是既体现了科学的进步，又兼顾了动物福利。它检测的是皮肤变态反应的诱导阶段淋巴细胞的增殖，可以提供评估剂量与效应关系的量化数据。LLNA 是一项体内试验，相比豚鼠致敏试验，减少了动物使用的数量；由于不需要激发皮肤的致敏反应，而且也不需使用佐剂，减少了试验动物的痛苦。但 LLNA 也有一定的缺陷，例如某些物质的测试结果出现假阴性或假阳性时仍需使用传统的豚鼠试验。法规认可的 LLNA 试验需使用放射性同位素检测淋巴细胞增生，易造成环境污染。现已开发有采用 BrdU 标记或使用流式细胞仪检测的替代方法，称为流式小鼠局部淋巴结试验，有望近年通过验证和批准。在 2015 年以前，LLNA 是使用最为普遍的致敏性试验，但其试验材料为试验小鼠的淋巴细胞，因此该系列方法被认为是对传统动物试验的优化。在科学家的不断努力下，已进行了很多过敏反应毒性机制的研究。2015 年新增的化学法和直接反应肽试验就是基于过敏反应机制的方法，经过多年验证后发布的体外试验方法。此外，LLNA：BrdU-FCM 的方法是对 LLNA：BrdU-ELISA 方法中发光物质 BrdU 检测手段的改进。h-CLAT 法、IL8 Luciferase 法和 Myeloid U937 法也都是基于过敏机制设计的体外方法。胡培丽用致敏物质对白变种小鼠（BALB/c）和 CBA 小鼠连续染毒 3 天，第 5 天时对腹腔注射示踪剂 BrdU，第 6 天分离颌下淋巴结制取单细胞悬液，用 ELISA 试剂盒检测细胞增殖。发现致敏物质异丙醇及两品系的化妆品结果均为致敏阴性，SI 均小于 1.6，结果有较好的一致性。BALB/c 可替代 CBA 小鼠应用于化学物质和化妆品的致敏性评价。

2. 直接肽反应试验

直接肽反应试验即将受试物与半胱氨酸多肽或赖氨酸多肽反应，检测多肽的消耗率。章瑶等建立基于超高效液相色谱的直接肽反应试验来预测化学物质致敏性并提高检测效率和通量。选择 8 种已知皮肤致敏性化合物与半胱氨酸多肽或赖氨酸多肽反应 24h，通过基于超高效液相色谱或高效液相色谱的检测系统计算得到多肽消耗率，预测受试物皮肤致敏性。结果显示，基于超高效液相色谱的改良直接多肽反应试验能正确区分 8 种化学物质是否为皮肤致敏源，且可以节省检测时间，提高检测通量，同时色谱峰分离度更高。此外，将直接多肽结合试验（DPRA）和人细胞系激活试验（h-CLAT）结合建立了新的皮肤致敏组合检测方法，对化学品及植物提取物的致敏性进行初筛。方法选择 12 种化学品和 7 种植物提取物为受

试物，将不同受试物分别与两种肽（半胱氨酸肽和赖氨酸肽）共孵育 24h，采用高效液相色谱法分析反应后多肽消耗情况。同时将不同浓度的受试物与体外培养的人急性单核细胞白血病细胞（THP-1）共孵育 24h，通过流式细胞仪检测暴露后细胞表面标志物 CD86 和 CD54 的变化。发现 DPRA 与 h-CLAT 的简单组合可以实现对单一化合物的准确预测，对于复杂混合物可实现初步预测，但进一步确认需要其他组合方法。

3．小鼠耳廓肿胀试验

小鼠耳廓肿胀试验（mouse ear swelling test，MEST）是一种通过比较免疫反应的诱导期和发作期检测变态反应的方法，检测结果通过小鼠耳朵肿胀程度来定量评价。基本方法是在试验前数周及试验期间给小鼠饲喂能提高接触致敏反应的维生素 A，将小鼠腹部诱导部位剃毛，皮内注射 FCA，用胶布剥离角质层，然后将受试物或单纯溶剂（对照组）敷于脱毛部位中央，连续 3 天。7 天后进行激发，将受试物敷在每只动物左耳，右耳涂溶剂作为对照。分别在激发前及激发后约 24h、48h 时，用测微计测量双耳耳廓厚度。实验侧耳比对照侧耳增厚 20％以上为阳性反应，以阳性反应动物数计算反应概率。与豚鼠致敏试验相比，MEST 的优点是对皮肤变态反应采用了定量测量，且缩短了试验时间，减少了实验费用。但 MEST 试验的灵敏度不如 LLNA，一般只适合筛选强致敏物。

已知树突状细胞能够参与IV型超敏反应或接触性变态反应，含有树突状细胞的皮肤重建模型（免疫模型）由于比普通的细胞模型更接近体内皮肤的状态，因此更具研究意义。现有两种类型的体外三维培养人皮肤模型：表皮类似物或皮肤类似物。对于免疫模型而言，表皮类似物模型至少包含角质形成细胞和树突状细胞（朗格罕氏细胞），而皮肤类似物模型还应至少包含成纤维细胞和真皮树突状细胞的真皮类似物。皮肤重建模型可以不受测试物剂型的影响直接接触测试，特别是用于不溶于培养基的疏水性化合物的测试。在筛选过程中同时考虑到了表皮屏障功能和分子的代谢过程对筛选结果的影响。树突状细胞（DC）能将抗原递呈给初级免疫 T 细胞，调节 T 细胞、B 细胞介导的免疫应答，皮肤朗格罕斯细胞（langerhans cell, LC）是主要位于表皮的未成熟树突状细胞（IDC）。在抗原递呈的过程中，IDC 捕获和处理抗原，刺激 T 淋巴细胞活化并引起多种生物学变化。通过检测 DC 生物学指标的变化，可评价化学物质的致敏性。目前，检测比较成熟的细胞因子是 IL-1β 和 TNF-α，膜表面分子主要有 CD86、CD54 和 MHCI。

朗格罕细胞（LC）是皮肤中主要的抗原呈递细胞，在皮肤变态反应中起着关键作用。由于原代培养的 LC 难以分离，现在多采用细胞系，或原代培养的外周血来源或骨髓来源的树突状细胞作为替代品。如 XS52 细胞系是一种来源于新生 BALB/c 小鼠表皮的细胞，表现出新分离 LC 细胞许多形态学、表型的和功能特征。

骨髓细胞来源的 DC 细胞系可用于区分致敏物与非致敏物，现有 3 种细胞系可用，分别是 MUTZ-3、U937 和 IHP-1。其中 MUTZ-3 与体内细胞特性最接近。细胞培养物暴露于不同浓度的受试化学物质下，通过碘化丙啶（PI）的方法测定相对细胞活性（rCV）进而确定受试物的浓度。检测终点为 CD86 和 IL-8。目前该方法在 Sens-it-iv 框架内完成实验室间的标准化，正处于大规模的化学致敏剂和刺激测试阶段。表皮中超过 90% 的细胞是角质细胞（KC），渗入角质层的化学物质首先接触的细胞是就 KC。KC 在免疫介导的皮肤疾病中（包括 ACD）扮演了重要角色。将体外培养的角质细胞系 NCTC2544 暴露于 3 个浓度的化学物质中，通过 MTT 法检测细胞相对活性（RCV）和检测细胞产生的 IL-8，筛查受试物的致敏性，如果细胞内 IL-8 的产生超过 2 倍，则可判断为阳性。LC 经抗原激活后，从皮肤移行入局部引流淋巴结。根据这一原理，可在体外模拟这一过程，用于区分致敏剂和非致敏剂。采用双室系统，由多孔膜隔开，上层细胞系采用 MUTZ-3 来源的 LC，下层部分含有成纤维细胞或重组趋化因子（CXCL12 或 CCL5）。经荧光标记的 MUTZ-LC 细胞暴露于接触致敏原后，LC 细胞向 CXCL12 迁移，而暴露于刺激物会导致细胞向 CCL5 迁移。培养时间为 16h。检测终点由下部 MUTZ-LC 细胞数量（由荧光素测定）决定。如果 CXCL12/CCL5＞1.0，则判定为致敏物，如果 CXCL12/CCL5＜1.0，则为非致敏物。

4. 致敏性化学测试法

化合物的生物学特性与其化学结构密切相关，通过许多理论模型，可以利用与未知化学物质结构近似的已知化学物质的现有理化资料预测该未知化学物质的理化特性。如结构活性关系分析（structural activity relationship，SAR）和定量结构活性分析（quantitative structural activity relationship，QSAR）。通过比较 QSAR 与致敏性测试的方法，发现 QSAR Toolbox 方法和 DPRA 方法相比，在致敏性判断结果上有 84% 的一致性。其中非致敏物质判断一致性 83%~100%，致敏物质判断一致性 55%。例如计算机专家系统（DEREK）重点研究化学物质是否含有能与膜蛋白结合的结构。使用时，采用人机对话的方式，通过两步策略预测化合物的皮肤致敏性。首先通过预先设定的规则库分析化学物质是否具有与皮肤蛋白发生反应的能力，或者是化合物的直接作用或者是代谢后起作用。如果无触发结构警示，说明化学物质不具有发生化学反应的结构特点，这些化学物质无需再进行下一步计算机评估。第二步应评估其皮肤渗透性或分配参数，可采用经验值计算或预测辛醇/水分配系数。

此外，在将直接多肽结合试验与小鼠局部淋巴结试验的结果进行转换时运用了数据整合和分析的统计学方法，发现这套方法的分级和筛选方式不仅能用于皮肤试验评估，还能用于化学物质体内外毒理和健康评价及 QSAR 模型的建立。

鉴于完全替代动物试验还无法完成，目前公认的变态反应体外试验研究策略包括：①已有资料表明某种物质具有致敏性的，直接进行分级和标识，不需做进一步的试验。②利用化学物质结构资料和现有毒性资料，以及使用计算机定量结构活性关系（QSAR）模型，预测化学物质的致敏潜力。③根据 OECD 428 进行皮肤吸收试验或者体外皮肤渗透试验，判断化学物质是否能够通过皮肤屏障；或者利用新鲜皮片检测化学物质在皮肤内的新陈代谢率，以确定该物质在体内是否能转化为致敏原。④如果化学物质具有与致敏原相似的分子结构，并能穿透皮肤屏障，则可认为其具有致敏性；根据体外蛋白质结合试验判定化学物质与蛋白质的结合能力，试验结果为阴性的物质可认为无致敏性。⑤志愿者进行皮肤斑贴试验，评价非蛋白质结合物的致敏性。⑥用角质形成细胞、树突状细胞/郎罕氏细胞、器官培养等体外培养系统，对化学物质的致敏性进行评价、分级和标识。

透明质酸能无选择性的水解细胞外的透明质酸，造成皮肤屏障损伤而导致皮肤过敏。故可用透明质酸酶体外抑制试验作为物质致敏作用的一个指标。

五、皮肤光毒性测试

光毒性是指皮肤接触化学物质后，继而暴露于紫外线照射下而引发的一种皮肤毒性反应，或者全身应用化学物质后，暴露于紫外线照射下发生的类似反应。具有剂量依赖性，当化合物在体内累积到一定剂量后就会出现反应。其临床特征为出现晒斑、水疱等皮肤问题。发生皮肤光毒性反应有 3 个条件：①化合物或代谢产物能够到达活细胞。②适当波长的光能够穿透皮肤。③光感物质能够吸收能量。目前国内外主要采用家兔、豚鼠或大鼠光毒性试验判断光毒性。国外许多国家的实验室为探求更好的替代方法进行了多年的努力。目前，在部分毒理学测试上，已有了较为统一的试验方案。

常见的光毒性测试方法有动物试验、人体光斑贴试验、体外试验，常用的动物试验是将动物背部皮肤去毛后涂抹受试物，用 UVA 辐射去毛部位后观察皮肤出现红斑、水肿反应并评分，以此判断受试物是否具有光毒性；人体光斑贴试验是采用 UVB 和 UVA 照射受试物贴敷的部位（主要是背部或前臂曲侧），测定其最小红斑量，24~48h 后以 3/4 MED 的光线强度照射 50%原受试物含量所贴敷的部位，再过 48h 观察结果，如果仅在贴敷受试物和照射部位有发红、水肿或发生小丘疹（有时发生小水疱）等阳性反应现象，即判断该受试物是光毒性物质。体外试验又分为建立细胞、组织模型和依据光毒机制进行研究两方面，3T3 中性红摄取法、角质细胞试验法等是将皮肤细胞建立模型进行光毒性筛选，而红细胞溶血法、组氨酸光氧化法等是根据受试物在光照影响下所产生的一系列反应来评价受试物的皮肤光毒性，如表 6-2 所示。

表 6-2　皮肤光毒性试验的体外方法

名称	细胞类型	检测内容	特点
3T3 中性红摄取法	小鼠 3T3 成纤维细胞	测定 3T3 细胞存活率，计算平均光效应（MPE）和光刺激因子（PIF），若受试物 PIF<2 或 MPE<0.1，预测受试物无光毒性；受试物 2<PIF<5 或 0.1<MPE<0.15，预测受试物可能具有光毒性；受试物 PIF>5 或 MPE>0.15，预测受试物有光毒性	操作简单，费用较低，重现性好，与体内试验结果相关性高，能准确预测人体试验结果
红细胞溶血法	红细胞	光溶血试验：依据细胞溶血情况判断；血红蛋白光氧化试验：依据甲基化血红蛋白判断	受试物在 UVA 刺激下产生的自由基破坏细胞膜脂双层的不饱和脂肪酸链，产生过氧化脂质，使蛋白质交联，形成甲基化血红蛋白，并引起细胞肿胀、破裂，造成溶血

　　国际上普遍认可的皮肤光毒性体外试验，仅 3T3 细胞中性红摄取试验（3T3 NRU）一种。日本动物替代试验研究中心还发布了 2 个试验方法：活性氧试验（ROS）和酵母红细胞试验（yeast-RBC），但目前没有其他国家和地区验证或发布这两种方法。对于光毒性试验的替代研究，国际上多以 3T3-NRUPT 方法为主。中性红是细胞活力标记物，可以被活细胞吸收并积蓄在溶酶体中。细胞表面或敏感性溶酶体膜改变将会导致中性红吸收减少，死细胞不能积蓄中性红，故不被染色，所以 NRU 可以反映受试物对细胞膜结构、细胞器功能、物质和能量代谢以及由此产生的对细胞增殖和存活力的影响。MTT 的染色方法也是一种经典的检测细胞毒性、细胞增殖的方法。MTT 是一种能接受氢原子的染料，可直接加入到细胞培养基中，被活细胞的线粒体琥珀酸脱氢酶还原为水不溶性的深紫色结晶状产物甲䐶（formazan），但死细胞不能进行此还原反应。其光吸收值可反映活细胞的数量和代谢活力，并由此反映细胞的存活、增殖、生长和毒性情况。3T3-MTTPT 方法与 3T3-NURPT 方法同时应用，可以更加准确、客观地对防晒化妆品光毒性进行评价与预测。

　　目前研究得较多且相对成熟的光毒性体外替代试验是 3T3 中性红试验，已成为化学品光毒性检测的推荐国标，但 MTT 法检测物质光毒性却鲜有报道。MTT 法的原理是：活细胞线粒体中的琥珀酸脱氢酶能使外源性 MTT 还原为水不溶性的蓝紫色结晶并沉积在细胞中，且 MTT 结晶形成的量与细胞数成正比；中性红比色法的原理是中性红能与活细胞胞浆中的阴离子结合而浓缩于活细胞中，且不被细胞洗涤液洗脱，渗入活细胞的中性红量与活细胞数量成正比。

　　有研究表明中性红法比 MTT 法检测细胞活性更灵敏，也有学者建议 MTT 法做 NRU 法的补充。笔者认为 MTT 与中性红法的灵敏度相近，但是 MTT 法的操作更简单些，特别是与细胞共培养后只需弃去培养液加 DMSO 显色即可，而中性红法因中性红可能被 96 孔板吸附而需要洗涤 2 遍，因增加了结晶的损失而造成误差。

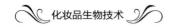

六、遗传毒性测试

遗传毒性试验一般是用于评价化妆品原料及染发（不含涂染型暂时性产品，如可冲洗掉的染料）、育发、美乳、健美类化妆品产品的遗传毒性的试验。遗传毒性的替代试验有污染物致突变检测（Ames）试验（微生物试验）、体外微核试验、彗星试验（comet assay）。这些替代试验中除了培养细胞外，也会构建由正常人的表皮角化细胞培养得到的多层次、高度分化的 3D 表皮组织模型，如 EpiDerm^{TM}。

欧洲化妆品指导原则第七次修订中规定，到 2009 年禁止使用体内试验用于化妆品的遗传毒性评价；欧洲《化学品的注册、评估、授权和限制》（regulation concerning the registration，evaluation，authorization and restriction of chemicals，REARC）法规规定将更多的体外遗传毒性试验应用于化学品的安全性评价。最新修订的遗传毒性试验 ICHS2（R1）指导原则将体外细胞试验列入标准组合试验选择一中，并在原有 S2B 指导原则的染色体畸变试验和小鼠淋巴瘤细胞基因突变试验基础上增加了体外微核试验。应用体外细胞试验减少动物的用量，这也符合 3R 原则。但是目前基于常用哺乳动物细胞（CHL，CHO，V79 等）的体外细胞遗传试验的假阳性率较高。尽管 ICHS2（R1）已经降低了体外细胞试验的最高浓度要求，但是这些体外细胞试验无法提供毒代动力学数据，试验应用的受试物浓度远高于实际应用的浓度，与人体没有很好的生物相关性，因此不能预测受试物靶器官的遗传毒性。目前一个关键的问题是提高体外遗传毒性试验的准确性，找到更加合适的模型进行体外遗传毒性的评价。应用 3D 细胞模型进行遗传毒性评价是目前一个新的研究方向和热点。

3D 模型的应用得到了国际组织的广泛认可。欧洲化妆品协会提出应用 3D 模型进行体外微核试验和彗星试验用以评价遗传毒性。此外，第五届国际遗传毒性研讨会议（international work shop on genotoxicity testing，IWGT）以及欧盟参考实验室、欧洲替代试验有效性验证中心（european center for the validation of alternative methods，european union reference laboratory，EU-RLECVAM）也提倡应用 3D 模型进行遗传毒性试验。3D 细胞在结构和功能上与体内细胞更相似，能够更加真实地反映化合物在体内的代谢情况。正在研究的 3D 模型主要有 EpiDerm^{TM}、EPI/001、EpiAirway^{TM}、EpiSkin^{TM} 等。应用这些模型进行的体外微核试验和彗星试验假阳性率更低，重现性更好。

Ames 试验中使用的是鼠伤寒沙门氏菌突变型菌株 TA97、TA98、TA100、TA102，在试验前对菌株的生物特性进行鉴定，包括组氨酸缺陷、脂多糖屏障缺损、氨苄青霉素抗性、UvrB 修复缺陷型、四环素抗性等鉴定。试验期间，采用平板掺入法，在 37℃下加入受试物培养 48h 后观察结果。结果的判断依据是每个培养皿的回复突变菌落数，计算各组的平均值和标准差，判断的标准是若受试物的回变菌落数是溶剂对照组回变菌落数的两倍或两倍以上，并呈剂量-反应关系，则该受试物判定为致突变阳性。

1. EpiDerm™ 模型

研究最多的模型是 EpiDerm™（美国 MetTek 公司），该模型是应用正常人的表皮角化细胞培养得到的多层次、高度分化的 3D 表皮组织模型。EpiDerm™ 与人表皮组织结构相似，也分为角质层、透明层、颗粒层、棘层和基底层等 5 层。此外，该模型具有流动性及代谢活性。欧洲化妆品协会（cosmetic europe，前身为 european cosmetic toiletryand perfumery association，COLIPA）对 3D 模型的研究正在美国、欧盟和日本等国家和地区进行国际联合验证。该研究主要分为 3 个阶段：①在不同的实验室间优化实验条件，并进行试验可转移性研究。②不同实验室间的重现性验证。③增加受试物的数量评价并且进一步评价重现性。目前 3D 模型的体外微核试验和彗星试验第一、二阶段已经完成，微核试验的第三阶段正在进行，彗星试验的第三阶段尚未展开。

（1）EpiDerm™ 体外微核试验

体外微核试验应用体外胞质分裂阻断微核法检测，考察添加受试物对细胞微核率和细胞毒性的影响，并设置不同的浓度梯度，观察是否会引起细胞染色体断裂或诱发非整倍体。微核是细胞有丝分裂后期仍滞留在细胞质中的染色体断片或染色单体。随着微核形成机制和意义的阐明以及检测手段与实验技术的不断改进和完善，目前微核试验已被公认为筛选致突变物的主要方法之一，在预测致癌危险性、检测染色体断裂剂和非整倍体诱发剂及其他遗传危害方面得到了广泛的应用。与体内试验相比，体外微核试验更加简便、快速、耗费低，不受动物个体差异等因素的影响，而且可以测出某些较低浓度的化学物质诱导的微核反应，灵敏度较高。经方法的改进和计数自动化的逐步实现，除去了一些造成假阳性及其他影响实验结果准确性的人为因素，实验结果的可靠性不断增加。故近年来体外微核试验在遗传毒理学领域已得到广泛应用。本研究应用体外微核试验从染色体断裂或非整倍体诱发而形成微核的角度评价三种化妆品原料的遗传毒性，通过加入细胞松弛素 B 使胞质分裂受阻，形成双核细胞，从而表明所观察的细胞确实已经过一次有丝分裂。若受试物为染色体断裂剂或非整倍体诱发剂，就可能使双核细胞中出现一个或多个微核。因此，通过观察双核细胞来计数其微核发生率可提高结果的准确性。

COLIPA 的 3D 模型体外微核试验（SMN）第一阶段中，Dahl 等标准化了实验方法并且对微核的计数方法进行了统一。第二阶段，在 3 个实验室应用遗传毒性致癌物 ENU 和 MMC 以及非遗传毒性非致癌物环己酮作为受试物进行测定。结

果显示，每个实验室各个化合物的测定结果均具有很高的准确性。第三阶段，受试物增至 29 个，证明应用 EpiDerm™ 模型进行微核试验有良好的特异性：约 90% 的体内非遗传毒性非致癌物被准确地检测出来。日本的 Katsuyuki 等用体内遗传毒性物质（MMC、MNU 和 ENU）和体内非遗传毒性物质（4-NP，EHD，EGCG，RES 和姜黄素）对比，分别应用 EpiDerm™ 和 NHEKs（正常人表皮角化细胞）进行微核试验时微核的产生，发现体内非遗传毒性物质在 EpiDerm™ 模型中细胞毒性虽呈现一定的浓度-反应关系，但微核数量没有明显的增加；体内非遗传毒性物质除 RES 外，其他物质在 NHEKs 中都引起了微核数量的显著增加，证明了 EpiDerm™ 的特异性更强。

（2）EpiDerm™ 体外彗星试验

微核试验能够有效评价引起染色体畸变的化合物，但无法评价 DNA 的损伤效应。彗星试验是国际上公认的检测各种理化因子作用细胞后引起的 DNA 链断裂的方法。试验采用十二烷基硫酸钠（SDS）作为红细胞 DNA 损伤的诱导因子，通过 CASP 图像分析系统对彗星实验结果进行观察、分析，该实验分为细胞处理和彗星电泳试验两部分。

COLIPA 的另一项研究是应用 EpiDerm™ 进行彗星试验。该研究的第一阶段在 3 个实验室中应用 MMS 和 4-NQO 作为受试物。结果证明，在实验室内和实验室间均有很好的重现性，并且与体内试验的结果一致。第二阶段应用遗传毒性致癌物 MMS、ENU、2,4-DAT、P-NP（体外试验为阳性，而体内试验为阴性）以及非遗传毒性非致癌物 CHN 进行彗星试验，结果显示：3 个不同实验室所有遗传毒性致癌物都被准确地测定为阳性；两个非致癌物除在一个实验室显示为假阳性，在其他实验室结果皆为阴性。第三阶段试验尚未展开，需进一步优化，原因如下：在一些溶剂对照组中，尾部 DNA 百分比大于 30%，试验结果在实验室内部和实验室间存在不同程度的改变，这可能是由于 3D 模型组织受到了运输的影响，因此要减弱运输对组织的影响，更理想的模型是 EPI-201。EPI-201 同 EpiDerm™（EPI-200）一样，都含有来源于正常人类的表皮角化细胞，并且二者的培养方式相同。尚未发育完全的 EPI-201 比 EPI-200 早 4 天运输到实验室，因此可在彗星试验开始前培养 4 天，发育成 EPI-200，由此减少运输对试验结果产生的影响。研究表明，在一个实验室中，应用 EPI-201 模型进行试验能够将原本 8 个试验中 4 个试验产生较高的背景突变率降低至 9 个试验中只有 1 个试验产生较高的背景突变率（这些试验都在同一实验室完成），但这并不影响阳性对照物（MMS）在该模型中产生阳性反应，这说明采用 EPI-201 进行彗星试验并不影响试验的灵敏度。

2. EPI/001 模型

EPI/001 模型与 EpiDerm™ 模型结构类似，是已分化完全且具有 5 层生理结构的皮肤组织。Andres 等应用该模型以丙酮为溶剂进行微核试验，该模型对于已知致癌物 MMC、VIN 的反应呈浓度依赖关系。与上述国际联合验证中应用 EpiDerm^{TM} 模型以丙酮为溶剂的试验相比较发现，在以 MMC 为受试物的研究中，EPI/001 模型对丙酮的最大耐受浓度为 15μg/mL，微核率为 6%，EpiDerm^{TM} 模型的丙酮最大耐受浓度为 10μg/mL，微核率为 2%~3%；在以 VIN 为受试物的试验中，EPI/001 模型 VIN 的最高浓度为 0.5μg/mL，微核率为 5%左右，EpiDerm^{TM} 模型 VIN 的最高浓度为 1μg/mL，微核率为 1%~1.5%。以上结果初步说明 EPI/001 模型具有更高的灵敏性。

3．EpiAirway^{TM} 模型

正常气管或支气管表皮细胞在无血清培养基的气-液表面培养形成 EpiAirway^{TM} 模型。研究表明，该模型与人类正常支气管表皮细胞的结构类似：表面存在大量的纤毛且细胞间紧密连接；该模型存在大量的药物运载体，但 P-gp 蛋白表达较弱。这种器官特异性模型具有与体内相似的屏障功能和代谢能力，因此具体良好的生物相关性，可提高遗传毒性评价的预测准确性。除此之外，该模型具有较长的存活期，可用于长期毒性的研究。在应用 EpiAirway^{TM} 模型进行彗星试验的研究时发现，直接致癌物（如甲磺酸甲酯和 4-硝基喹啉）或间接致癌物（如苯并芘和环磷酰胺）与对照组相比，尾部 DNA 百分比显著增加并呈浓度依赖关系，上述研究初步表明应用 EpiAirway^{TM} 模型进行彗星试验能够预测化合物的遗传毒性。

4．Episkin 模型

Nicole 等应用该模型进行了多项研究，其中一项试验是应用光敏性抗生素洛美沙星将受试物作用于 EpiSkin 模型，随后用紫外灯照射 15min 进行彗星试验。结果显示：未经紫外线照射的对照组（包括用洛美沙星处理和未经其处理的模型）未观察到明显的彗星信号，而用洛美沙星处理的经紫外线照射的实验组尾部 DNA 百分比明显增加。这些结果与之前应用紫外线照射经洛美沙星处理的皮肤试验结果一致。除此之外，将已知遗传毒性物质硝基喹啉（4-NQO）作用于该模型进行彗星试验，结果与对照组相比后表明：实验组尾部 DNA 百分比与 4-NQO 呈浓度依赖关系。上述两项试验表明：EpiSkin 模型能够较好地预测化合物的光遗传毒性和遗传毒性。

5．3D 细胞与 2D 细胞比较

2D 细胞培养限制细胞间反应，不能准确表现细胞在体内的生长环境，割裂了细胞体内外表现的关系；3D 培养体系为细胞提供类似体内生长环境的支架或基质，细胞通过紧密连接或缝隙连接等方式建立细胞间及细胞与胞外基质间的联系，由此形成一定的三维结构，这与体内细胞生长情况更为相似，因此能更好地模拟

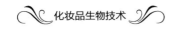

体内正常细胞的生长环境，复制复杂的组织结构和体内形态，反映分化等细胞活动和细胞间反应，具有更真实的细胞生物学功能和更快的生长速度，能够更准确建立靶组织模型，更好地预测药物反应，应用更少的细胞数且可自动化操作。3D细胞模型也存在一定的缺陷：一些商业化的 3D 模型价格较贵，并且送达实验室之后须尽快进行试验；由于 3D 细胞制备流程复杂，因此实验室自己制备该模型还存在一定的困难；对 3D 细胞的分析也存在一定的困难，2D 细胞的单层结构用显微镜即容易成像，而 3D 培养物的多层细胞会散射光线从而成像困难，尽管可使用共聚焦显微镜解决成像问题，但其他分析仍存在困难。

3D 模型因具有与体内组织相似的结构及功能，正逐渐成为体内试验的替代试验。目前除上述介绍的 4 种模型外，还有 EpiDermFT、RealSkin（L'Oreal）、Phenion（HenKel）等模型，这些模型已经作为商品化模型用于皮肤刺激等试验，但是应用 3D 模型进行遗传毒性评价还处于验证阶段。应用 3D 模型进行遗传毒性评价有如下优点：能够降低试验的假阳性率，减少受试物的用量使其更接近实际应用浓度，反映受试物在靶器官的作用情况等。但应用 3D 模型进行遗传毒性评价仍需要在如下问题上进行深入研究：如增加受试物的种类进一步验证其敏感性；减少受试物沉淀对试验结果的影响；研究运输作用对模型的影响；研究 3D 模型的代谢酶与人体组织代谢酶之间的差异等。

七、靶器官毒性测试

靶器官毒性测试是指考察受试物对机体的作用器官可能具有的毒性反应性质、程度及可逆性。将不同量的受试物连续 28 天经口给予大鼠，停止给药一段时间后对受试大鼠进行解剖，并对脏器进行称重、对腹主动脉采血后进行血常规和生化检测，组织器官进行光镜、电镜检查，分析肝脏、血液系统、心脏和肾脏等机体器官或系统，从而研究受试物的靶器官毒性。

从形态学角度研究试验动物在给予外源性物质后所出现的器官组织、细胞及亚细胞形态结构的变化差异，进而阐明外源性物质所引起的形态变化差异的剂量-效应关系，确定毒性损伤的靶器官、靶部位，形态变化的性质特点和程度以及病理变化的过程和转归，分析其致病机制，为药物安全性评价提供形态学依据和结论。由于动物和人存在解剖学和生理学的差异，因此动物和人的组织器官对药物所致的形态学反应和敏感性有所不同。机体对药物的毒性反应可以呈全身性表现（免疫系统），或者可能在单一系统（皮肤）或单个器官（肝脏）中产生特异性毒性作用。因此，器官毒性可能是药物对靶器官的直接和原发性作用或在对靶器官具有生理依赖性的器官组织中产生继发性作用。因此，器官毒性的评估必须考虑到体内组织和器官之间复杂的生理依赖性。

临床前药物安全性评价单次给药毒性试验或长期毒性试验是通过解剖病理学检查来明确供试品引起的器官组织结构和形态改变的。在活体试验阶段和动物剖检前，评估临床病理学参数（如血液学和尿液分析）可为器官的功能代谢紊乱提供重要的生物标志物以及潜在器官（如肝脏或肾脏）毒性的首个指标。大体病理学检查、组织病理学检查及临床病理学检查是全面考虑、逐步分析器官毒性必不可少的，其检查结果互相结合、综合判断及分析是确保准确的组织病理学诊断和可靠的器官毒性评价的基础。

在动物活体试验结束后，根据标准化、系统化的程序对所有试验动物进行剖检。通常情况下，实验方案的设计基于最新颁布的指南（如经济合作与发展组织的化学品测试指南）。剖检时每只动物的所有观察结果和大体病变都要进行手工记录，或记录于经过验证的电子数据采集系统中（采用计算机系统的临床前药物安全评价机构）。对需要称重的器官（如肝脏、肾脏、肾上腺等）进行称重。脏器质量通常是与供试品相关效应的敏感指标，脏器质量的改变可以提供潜在毒性靶器官的初步信息（如作为酶诱导剂的化合物通常会使肝或甲状腺的质量增加）。剖检期间的大体病理学检察也可提示可能的靶器官信息（如肝脏黄褐色或类似于黏土样变色提示肝脏的退行性变化，肝脏肿块提示可能存在慢性炎症过程、脓肿或恶性肿瘤）。因此，关注脏器质量的变化和大体病理学检察结果是动物试验研究中发现器官毒性的重要组成部分。实验方案中通常列出需要进行组织病理学检查的器官组织，记录大体病变及脏器称重后要进行的器官组织的保存和固定。

由接受过良好训练且诊断经验丰富的毒性病理学家对各个器官组织进行组织病理学检查（光学显微镜检查）是毒理学实验中器官毒性评估最重要且最耗时的工作。原则上选择与药物基本代谢和解毒过程高度相关的器官（如肝脏）、与药物给药途径相关并可能与药物直接接触的器官（如胃肠道、肺脏、皮肤）以及对排泄至关重要的器官（如肝脏、肾脏、膀胱和胆道）。此外，免疫和造血系统（两个淋巴结，其中一个淋巴结接近给药部位、胸腺、脾脏、骨髓）、骨骼系统（骨骼、关节、骨骼肌）和神经系统（包括大脑和小脑的各种冠状切面、脊髓2~3个横切面及纵切面以及1个外周神经）中选择具有代表性的组织进行镜检。心血管系统（动脉、静脉）是大多数毒理学试验的常规检查部分，但有时候需要对心脏的1个或多个特定切面及主动脉的1个切面进行检查。生殖系统需要检查的有睾丸、附睾、前列腺、附属性腺、卵巢、输卵管、子宫、阴道及乳腺等。进行全面的组织病理学检查非常重要，因为没有脏器质量和临床病理参数改变时，组织病理学检查能够确定药物的毒性作用。

参 考 文 献

[1] 姜瑞瑞. 基因工程制药方法及其应用[J]. 经贸实践, 2017(17): 302.

[2] 何凯. 浅析生物细胞工程的现状及未来展望[J]. 生物技术世界, 2014(11): 229.

[3] 唐双焱, 陶勇. 新时期下的酶工程研究[J]. 广西科学, 2017, 24(1): 3.

[4] 迟晓丽, 许超, 张潇, 等. 固态发酵在中药炮制中的研究进展[J]. 生物产业技术, 2018(3): 31-35.

[5] 谭英. 蛋白质工程技术在生物药物研发中的应用研究[J]. 生物化工, 2017, 3(3): 101-102.

[6] 袁银池, 陈大明, 王跃. 生物反应器领域最新的代表性专利[J]. 生物产业技术, 2018(1): 6.

[7] 李胜敏. 生物技术在植物育种中的应用[J]. 吉林农业, 2018(8): 78.

[8] 高鸣. 细胞工程技术在蔬菜上的应用[J]. 中国高新区, 2018(1): 231.

[9] 董转年, 曹佳敏, 张文景, 等. 生物技术在我国现代产业中的应用现状研究[J]. 安徽农业科学, 2013, 41(20): 8822-8823.

[10] 贾敏. 浅析分子生物技术在现在医学中的应用[J]. 生物技术世界, 2014(4): 114.

[11] 宋观波, 徐超, 李瑾, 等. 分子生物学技术在疟疾诊断中的应用与展望[J]. 中国热带医学, 2018, 18(4): 402-405.

[12] 刘建华. 植物干细胞及其应用概述[J]. 生物学教学, 2014, 39(4): 6-8.

[13] 魏于全. 纳米生物医学——纳米技术打开生物医学新视野[J]. 科技导报, 2018, 36(22): 1.

[14] 李秋雨. 浅谈生物工程技术及在环境保护中的应用[J]. 科技风, 2019(5): 137.

[15] 李何. 生物技术在环境保护中的应用策略[J]. 中国资源综合利用, 2018, 36(11): 148-150.

[16] 刘晓青, 曹卫红, 周卫红, 等. 农田土壤重金属污染的生物修复技术研究现状、问题及展望[J]. 天津农业科学, 2018, 24(2): 80-85.

[17] 张琳培. 微生物发酵优化透明质酸生产的研究进展[J]. 轻工科技, 2018, 34(3): 18-20.

[18] 何一凡, 黄惠, 贡晓燕, 等. 两种方法制备玉竹多糖工艺优化及抗氧化活性比较[J]. 食品工业科技, 2018, 39(13): 218-222.

[19] 贺黎铭, 江南, 魏巍, 等. 不同方式制备松茸化妆品原料的美白功效研究[J]. 日用化学品科学, 2017, 40(8): 16-19.

[20] 孔令姗, 俞苓, 胡国胜, 等. 白芨多糖的分子量测定及其吸湿保湿性评价[J]. 日用化学工业, 2015, 45(2): 94-98.

[21] 张卫明. 白芨多糖胶研究进展[C]//中华中医药学会, 山东省千佛山医院. 2014 年中华中医药学会药膳分会年会论文集. 2014: 8.

[22] 高龙梅, 胡振兴, 刘小英, 等. 白芨组织培养研究进展[J]. 南方农业, 2017, 11(1): 74-76.

[23] 高合意, 钟娜, 陈正珍. 生物技术在化妆品中的应用[J]. 生物技术世界, 2015(2): 188-190.

[24] 刘薇, 陈庆生, 龚盛昭, 等. 表皮生长因子及其在化妆品中的应用研究进展[J]. 日用

化学品科学, 2014, 37(1): 36-39.

[25] 葛喜珍. 发酵在中药研究中的应用[J]. 时珍国医国药, 2008, 19 (2) : 386-387.

[26] 张冬青, 揭广川. 现代发酵技术在提高中药药用效能方面的作用[J]. 广东轻工职业技术学院学报, 2005, 4(1): 34-37.

[27] Lee H S, Kim M R, Park Y, et al. Fermenting red ginseng enhances its safety and efficacy as a novel skin care anti-aging ingredient: In vitro and animal study [J]. J Med Food, 2012, 15(11): 1015.

[28] 李羿, 刘忠荣, 吴洽庆, 等. 发酵中药——拓展中药新药研究开发的新空间[J]. 天然产物研究与开发, 2004, 16(2): 179-184.

[29] 王兵, 王向东, 秦岭, 等. 中药渣固态发酵生产蛋白饲料[J]. 食品与生物技术学报, 2007, 26(4): 77-82.

[30] 王建芳, 徐春, 徐萌萌, 等. 利用香菇发酵中药废渣提高利用价值的研究[J]. 四川大学学报(自然科学版), 2007, 44(2): 451-454.

[31] 张斌, 张璐, 李沙沙, 等. 植物多糖与化妆品的联系[J]. 辽宁中医药大学学报, 2013, 15(1): 109-111.

[32] 庄毅. 药用真菌新型(双向型)固体发酵工程[J]. 中国食用菌, 2002, 21(4): 3-6.

[33] 左锦辉, 薛燕, 杜一杰, 李丽, 董银卯. 中药双向发酵技术在化妆品中的应用[J]. 日用化学工业, 2017, 47(10): 583-587, 597.

[34] 庄毅. 中国药用真菌概况[J]. 中国食用菌, 2001, 20(2): 3-8.

[35] 邱忠毅. 细胞工程技术的应用[J]. 生物化工, 2018, 4(4): 140-143.

[36] 余响华, 邵金华, 袁志辉, 等. 植物细胞工程技术生产紫杉醇研究进展[J]. 西北植物学报, 2013, 33(6): 1279-1284.

[37] 李洋, 邱智东, 王伟楠. 中药生物转化技术研究进展[J]. 中国酿造, 2015, 34(7): 15-19.

[38] 何凯. 浅析生物细胞工程的现状及未来展望[J]. 生物技术世界, 2014(11): 229.

[39] 高明波, 李兴泰, 阮成江,等. 紫杉醇及紫杉烷的细胞工程生产[J]. 中国农学通报, 2010(13): 53-57.

[40] 侯瑾, 李迎秋. 固定化酶的研究进展及其在食品工业中的应用[J]. 江苏调味副食品, 2017(1): 9-12.

[41] 王万敏. 现代生物化工中酶工程技术研究与应用[J]. 智能城市, 2016, 2(11): 71.

[42] 王召业, 杨丽萍. 非水相酶催化技术的研究进展[J]. 河北化工, 2013, 36(2): 31-34.

[43] 康从玲. 酶工程的新研究及应用进展[J]. 黑龙江科技信息, 2011(19): 78.

[44] 许明淑, 郭兰萍, 赵无恙, 等. 酶工程技术在中药活性成分获得中的研究进展[J]. 中国实验方剂学杂志, 2010, 16(10): 195-198.

[45] 熊吉敏, 武晋娴. 酶工程的新研究及应用进展[J]. 科技信息, 2008(26): 45, 68.

[46] 秦允荣, 何聪芬. 生物制品在化妆品工业中的应用概况[C]. 国际日用化工学术研讨会, 2005.

[47] 晋慰, 郝存忠. 户外运动防晒产品的现状及发展趋势[J]. 体育世界, 2018(11): 198-199.

[48] 梁慧刚. 纳米技术与材料在食品和化妆品中应用的监管体系概述[J]. 新材料产业, 2009(9): 46-50.

[49] 周晶, 张溢. 纳米技术在防晒化妆品中的应用[J]. 广东化工, 2017, 44(15): 175-176.

[50] 王学川, 任龙芳, 强涛涛. 纳米材料在化妆品中的应用[J]. 日用化学品科学, 2006(4): 15-18.

[51] 周晶, 张溢. 纳米技术在防晒化妆品中的应用专利分析[J]. 科技创新与应用, 2018(22): 22-23.

[52] 董晓, 姜子涛, 李荣. 微胶囊技术在生物领域中的应用及研究进展[J]. 农产品加工, 2011(10): 108-110.

[53] 王晗宁, 蒋丽刚, 毕永贤, 等. 化妆品载体技术及其最新研究进展[J]. 香料香精化妆品, 2018(5): 79-84.

[54] 付思娅, 李娟. 面膜研究进展探析[J]. 化工管理, 2017(26): 117-119.

[55] 刘丽仙, 蒋丽刚, 申奉受, 等. 面膜配方技术和面膜布材质概述[J]. 日用化学品科学, 2015, 38(6): 6-9.

[56] 胡婷婷, 贾庆明, 陕绍云. 纤维素基面膜材料的应用进展[J]. 纤维素科学与技术, 2018, 26(4): 60-67.

[57] 袁月, 张传杰, 崔莉, 等. 海藻/铜氨面膜基布的凝胶化改性及性能评价[J]. 武汉纺织大学学报, 2017, 30(6): 31-36.

[58] 李祖安. 新型竹莱赛尔纤维在水刺面膜产品上的应用[J]. 纺织导报, 2017(12): 76-78.

[59] 胡炳辉. 海藻纤维性能研究及海藻纤维水刺面膜基布的制备和性能研究[D]. 天津: 天津工业大学, 2016.

[60] 秦益民, 刘健, 胡贤志, 等. 海藻酸盐纤维面膜基材的制备与性能研究[J]. 成都纺织高等专科学校学报, 2017, 34(1): 28-31.

[61] 李杨. 面膜用水刺非织造布的开发与性能测试[D]. 青岛: 青岛大学, 2016.

[62] 尹月煊, 邱晓锋, 杨翠兰, 等. 基于主客观分析评价面膜材质对其性能的影响[J]. 日用化学工业, 2017, 47(12): 703-708.

[63] 李杨, 陈韶娟, 董秀芹, 等. 新型"隐形"面膜布的开发与测试分析[J]. 化纤与纺织技术, 2016, 45(1): 20-23.

[64] 苏婷婷. 纤维面膜材料结构与性能分析及主客观评价相关性研究[D]. 上海: 东华大学, 2015.

[65] 王蕾, 吴旭君, 陈仕艳. 原位添加静态发酵制备透明质酸-细菌纤维素生物面膜[J]. 材料导报, 2015(12): 43-47.

[66] Muhsinin S, Putri N T, Ziska R, et al. Bacterial cellulose from fermented banana peels (musa paradisiaca) by acetobacter xylinum as matrix of biocellulose mask[J]. Journal of Pharmaceutical Sciences and Research, 2017, 9(2): 159.

[67] 吴旭君. 生物纤维素面膜的制备及其功能化产品开发[D]. 上海: 东华大学, 2014.

[68] 聂英, 陈春涛, 朱春林. 细菌纤维素面贴膜对营养物的吸收及释放行为研究[J]. 应用化工, 2014, 43(10): 1767-1770.

[69] 芮益芳. 面膜江湖: 千亿市场与下一个十年[J]. 商学院, 2017(7): 24-26.

[70] 王丰玲, 张英锋, 马子川. 防晒剂的分类、作用机理与评价[J]. 化学教育, 2008, 29(6): 1-2.

[71] 于淑娟, 郑玉斌, 杜杰, 等. 防晒剂的发展综述[J]. 日用化学工业, 2005, 35(4): 248-251.

[72] 周宏飞, 黄炯, 寿露, 等. 防晒剂的研究进展[J]. 浙江师范大学学报(自然科学版), 2017, 40(2): 206-213.

[73] 陈玲林, 代彦, 赵华. 生物防晒剂活酵母细胞衍生物制备中酶解条件的优化[J]. 日用化学工业, 2014, 44(1): 31-34.

[74] 程双印, 黄劲松, 陈岱宜, 等. 防晒剂的研究进展[J]. 香料香精化妆品, 2014(4): 67-72.

[75] 蔡伦华, 康晓熙, 万莉, 等. 化妆品中防晒剂的使用情况调查[J]. 预防医学情报杂志, 2017, 3(33): 288-290.

[76] 刘慧民, 王万绪, 杨跃飞, 等. 天然防晒剂的研究进展[J]. 日用化学品科学, 2018, 41(6): 78-82.

[77] 祁峰. 防晒剂的分类作用机理与评价[J]. 化工管理, 2016(33): 21-22.

[78] 张毅, 张睿, 张昊, 等. 兔毛角蛋白的制备及其在防晒化妆品中的应用[J]. 天然产物研究与开发, 2018, 30(1): 120-126.

[79] 王玉林. 汉麻植物成分防晒性能研究及其在军用防晒护肤品中的应用[D]. 湛江: 广东海洋大学, 2013.

[80] Fujii T, Okuda T, Yasui N, et al. Effects of amla extract and collagen peptide on UVB-induced photoaging in hairless mice[J]. Journal of Functional Foods, 2013, 5(1): 451-459.

[81] 樊洁, 王岩, 孙秀萍, 等. 扇贝(Chlamys farreri)多肽通过EGFR抑制受紫外线B(UVB)诱导的HaCaT细胞凋亡[J]. 海洋与湖沼, 2014, 45(2): 328-334.

[82] 赵华, 代彦, 齐刚. 紫外伤害培养对酵母水解液紫外吸收性能的影响[J]. 日用化学工业, 2004, 2(2): 91-93.

[83] 周晶, 张溢. 纳米技术在防晒化妆品中的应用专利分析[J]. 科技创新与应用, 2018, 242(22): 28-29.

[84] 邓静. 防晒化妆品市场发展现状[J]. 日用化学品科学, 2018, 41(6): 1-7.

[85] 晋慰, 郝存忠. 户外运动防晒产品的现状及发展趋势[J]. 体育世界(学术版), 2018(11): 198-199.

[86] 屈峙. 我国日用化妆品包装材料的发展趋势[J]. 中国包装工业, 2006(12): 22-23.

[87] 石生益. 化妆品包装材料的发展趋势研究[J]. 中国包装工业, 2014(24): 15.

[88] 谢晓谊, 王建华, 康志敏, 等. 软包装技术在化妆品包装中的应用[J]. 塑料包装, 2016, 26(5): 35-38.

[89] 刘强. 浅谈化妆品包装技术[N]. 中国包装报, 2011-06-08.

[90] 王雪飞, 李婷, 东为富. 化妆品包装材料及其安全性[J]. 塑料包装, 2018, 28(4): 9-15.

[91] 李向阳. 化妆品包装材料市场发展趋势[J]. 中国化妆品, 2008(1): 58-61.

[92] 王强. 化妆品包装纸盒的增值加工工艺[J]. 印刷技术, 2010(8): 30-32.

[93] 杜宪, 李欣, 李爱国. 化妆品包装及潮流走势[J]. 日用化学品科学, 2013, 36(10): 14-17.

[94] Cran M J, Bigger S W, 王晓芳. 可生物降解包装材料的性能及应用研究[J]. 中国印刷与包装研究, 2011, 3(6): 72-75.

[95] 马兰. 化妆品包装: 绿色引领时尚[J]. 印刷技术, 2011(10): 10.

[96] 陈倩, 陈昭斌. 抗微生物技术在化妆品生产中的应用[J]. 中国消毒学杂志,

2017, 34(1): 65-68.

[97] 胡芳华, 郁琼花, 袁海. 浅析化妆品安全性风险因素[J]. 香料香精化妆品, 2017 (3): 64-68.

[98] 蒋勇, 何聪芬, 祝钧. 植物源防腐剂及其在化妆品中的应用[J]. 日用化学品科学, 2011, 34(5): 34-36.

[99] 李璐, 程江, 杨卓如. 载药多孔微球的吸附及缓释性能研究[J]. 日用化学工业, 2009(5): 23-26.

[100] 王晗宁, 蒋丽刚, 毕永贤, 等. 化妆品载体技术及其最新研究进展[J]. 香料香精化妆品, 2018, 170(5): 85-90.

[101] Webster G F. Skin microecology: The old and the new[J]. Archives of Dermatology, 2007, 143(1): 61-64.

[102] Yiyin C, Hensin T. The skin microbiome: Current perspectives and future challenges [J]. Journal of the American Academy of Dermatology, 2013, 69(1): 143-55.

[103] 白洁, 顾威, 王真子, 等. 痤疮皮损内菌群的分离与研究[J]. 中国微生态学杂志, 2005, 17(6): 473-474.

[104] 张美娇, 韩怡雪, 付洋, 等. 薰衣草精油和芦荟对痤疮面部主要菌群的影响[J]. 中国微生态学杂志, 2013, 25(6): 656-658, 662.

[105] Grice E A, Kong H H, Sean C, et al. Topographical and temporal diversity of the human skin microbiome [J]. Science, 2009, 324(5931): 1190-1192.

[106] Staudinger T, Pipal A, Redl B. Molecular analysis of the prevalent microbiota of human male and female forehead skin compared to forearm skin and the influence of make-up [J]. J Appl Microbiol, 2011, 110(6): 1381-1389.

[107] Oh J, Conlan S, Polley E C, et al. Shifts in human skin and nares microbiota of healthy children and adults [J]. Genome Medicine, 2012, 4(10): 77-81.

[108] Noah F, Micah H, Lauber C L, et al. The influence of sex, handedness, and washing on the diversity of hand surface bacteria[J]. Proc Natl Acad Sci USA, 2008, 105(46): 17994-17999.

[109] 张婉萍. 化妆品领域的市场、安全性和新技术发展趋势[J]. 香料香精化妆品, 2012 (6): 45-48.

[110] 霍桂桃, 李波, 吕建军, 等. 临床前药物安全评价毒性病理学靶器官毒性的检查及评价[J]. 药物评价研究, 2017, 40(9): 1235-1240.

[111] 赵华, 何聪芬, 董银卯, 等. 生物技术在化妆品行业的应用[J]. 日用化学工业, 2010(5): 377-380.

[112] 罗飞亚, 王钢力, 邢书霞, 等. 化妆品安全性评价替代试验的研究进展及思考[J]. 中国医药生物技术, 2016, 11(5): 470-476.

[113] 赵增明, 何俊, 束玉磊, 等. 基于人多能干细胞(hPSCs)的药物毒性测试[C]. 2014 线粒体毒性与基于毒性通路的安全性评价新策略学术研讨会暨中国毒理学会毒理学替代法与转化毒理学专业委员会成立大会论文集. 2014.

[114] 程树军, 焦红, 顾为望, 等. 实验动物替代方法原理与应用[C]. 中国实验动物学会. 第九届中国实验动物科学年会论文集. 2010: 2.

[115] Greaves P. Endocrine glands-histopathology of preclinical toxicity studies (third edition)

[J]. Histopathology of Preclinical Toxicity Studies, 2012: 867-886.

[116] 孟宪双, 马强, 白桦, 等. 化妆品质量安全检测技术研究进展[J]. 分析测试学报, 2016, 35(2): 143-155.

[117] 陈国帅, 陈晓云, 林婉微. 《化妆品安全技术规范》准用防腐剂列表解读[J]. 日用化学品科学, 2016, 39(9): 37-42.

[118] 李晶瑞, 马强, 孟宪双, 等. 超高效液相色谱-串联质谱法同时测定祛痘化妆品中的15种禁用雄激素[J]. 分析测试学报, 2015, 34(1): 43-49.

[119] Orsi DD, Gagliardi L, Porrà R, et al. A environmentally friendly reversed-phase liquid chromatography method for phthalates determination in nail cosmetics[J]. Analytica Chimica Acta, 2006, 555(2): 238-241.

[120] Vinas, Pilar, Campillo, et al. Determination of phthalate esters in cleaning and personal care products by dispersive liquid-liquid microextraction and liquid chromatography-tandem mass spectrometry[J]. Journal of Chromatography A: Including electrophoresis and other separation methods, 2015, 1376: 18-25.

[121] 文毅, 汪颖, 周炳升, 等. 聚合物整体柱微萃取与高效液相色谱联用检测水性化妆品中的性激素[J]. 分析化学, 2007, 35(5): 681-684.

[122] Namkung H, Kim J, Chung H , et al. Impact of pellet thickness on quantitative terahertz spectroscopy of solid samples in a polyethylene matrix[J]. Analytical Chemistry, 2013, 85(7): 3674-3681.

[123] Vila M, Celeiro M, Pablo L J, et al. Simultaneous in-vial acetylation solid-phase microextraction followed by gas chromatography tandem mass spectrometry for the analysis of multiclass organic UV filters in water[J]. Journal of Hazardous Materials, 2017, 323(pt.A): 45-55.

[124] Wei J, Yang Y J, Wang W Y, et al. Simultaneous determination of antibiotics in anti-acne cosmetics by rapid LC with DAD[J]. Chromatographia, 2009, 69(11): 1-6.

[125] Li Z, Wu C, Zhao K, et al. Polydopamine-assisted synthesis of raspberry-like nanocomposite particles for superhydrophobic and superoleophilic surfaces[J]. Colloids & Surfaces A Physicochemical & Engineering Aspects, 2015, 470: 80-91.

[126] Yan L, Zhang X, Ouyang Y, et al. Trace detection of hormones and sulfonamides in viscous cosmetic products by neutral desorption extractive electrospray ionization tandem mass spectrometry[J]. Journal of Mass Spectrometry, 2015, 46(8): 794-803.

[127] 陈新, 田志壮, 刘瑛, 等. 离子液体作为添加剂的反向微乳毛细管电动色谱分析化妆品中的糖皮质激素[J]. 分析测试学报, 2011(2): 95-98, 104.

[128] 李萌, 金勉勉, 李娟, 等. 离子液体和 β-环糊精修饰反向微乳毛细管电动色谱分析化妆品中的激素[J]. 分析试验室, 2012(2): 75-78.

[129] 孙雪婷, 商少明, 陈秀英, 等. 微乳毛细管电色谱电动进样-场放大堆积法检测化妆品中糖皮质激素[J]. 分析化学, 2014, 42(1): 36-40.

[130] Xu X, Ni X, Cao Y, et al. Amphiphilic polymeric micelle as pseudostationary phase in electrokinetic chromatography for analysis of eight corticosteroids in cosmetics[J]. Electrophoresis, 2014, 35(6): 827-835.

[131] Gao W, Legido-Quigley C . Fast and sensitive high performance liquid chromatography

analysis of cosmetic creams for hydroquinone, phenol and six preservatives[J]. Journal of Chromatography A, 2011, 1218(28): 4307-4311.

[132] 武婷, 王超, 王星, 等. 反相高效液相色谱法测定化妆品中的 24 种防腐剂[J]. 分析化学, 2007, 35(10): 1439-1443.

[133] Mcginley C, Shafat A, Donnelly A E. Does antioxidant vitamin supplementation protect against muscle damage?[J]. Sports Medicine, 2009, 39(12): 1011-1032.

[134] Fei T, Li H, Ding M, et al. Determination of parabens in cosmetic products by solid-phase microextraction of poly(ethylene glycol) diacrylate thin film on fibers and ultra high-speed liquid chromatography with diode array detector[J]. Journal of Separation Science, 2015, 34(13): 1599-1606.

[135] 王改香, 张磊, 唐晓军, 等. 气相色谱-质谱法测定化妆品中 10 种防腐剂[J]. 理化检验(化学分册), 2015, 51(1): 35-38.

[136] 侯雪丽, 李琼, 武晓剑, 等. 甲酯化气相色谱法检测化妆品中防腐剂十一烯酸及其锌盐[J]. 分析测试学报, 2012(1): 119-122.

[137] 韩康, 翟学良. 毛细管电泳法同时测定化妆品中氢醌、苯酚和防腐剂[J]. 分析试验室, 2011, 30(11): 107-109.

[138] VÜ Onay, Briollais L, Knight J A, et al. SNP-SNP interactions in breast cancer susceptibility[J]. Bmc Cancer, 2006, 6(1): 114.

[139] Ying Z, Hong Z, Chang L, et al. Colorimetric detection of Mn^{2+} using silver nanoparticles cofunctionalized with 4-mercaptobenzoic acid and melamine as a probe[J]. Talanta, 2012, 97: 331-335.

[140] Guo D, Wang Z, Fan Z, et al. Synthesis, bioactivities and structure activity relationship of N-4-Methyl-1,2,3-thiadiazole-5-carbonyl-N'-phenyl ureas[J]. Chinese Journal of Chemistry, 2012, 30(10): 2522-2532.

[141] Huang J Q, Hu C C, Chiu T C. Determination of seven preservatives in cosmetic products by micellar electrokinetic chromatography[J]. Int J Cosmet, 2013, 35(4): 346-353.

[142] Huang H Y, Chiu C W, Chen Y C, et al. Comparison of microemulsion electrokinetic chromatography and micellar electrokinetic chromatography as methods for the analysis of ten benzophenones[J]. Electrophoresis, 2010, 26(4/5): 895-902.

[143] Salvador A, Pascual-Martí M C. Determination of the UV filters worldwide authorised in sunscreens by high-performance liquid chromatography: Use of cyclodextrins as mobile phase modifier[J]. Journal of Chromatography A, 2001, 921(2): 207-215.

[144] Schmidt H L, Weber D, Rossmann A, et al. The potential of intermolecular and intramolecular isotopic correlations for authenticity control[M]. Springer US, 1972, 55(1): 47-50.

[145] 李英, 王成云, 刘丽, 等. 气相色谱-质谱法测定化妆品中的防晒剂[J]. 分析试验室, 2003, 22(3): 77-80.

[146] Masse M O, Delporte C, Bervelt E. Identification de filtres solaires derives de l'acide para-aminobenzoique par spectroscopie RMN et par CPG/SM[J]. International Journal of Cosmetic Science, 2001, 23(5): 259-279.

[147] Klampfl C W, Leitner T, Hilder E F. Development and optimization of an analytical method for the determination of UV filters in suntan lotions based on microemulsion electrokinetic chromatography[J]. Electrophoresis, 2015, 23(15): 2424-2429.

[148] Soares-Santos P, Nogueira H, Félix V, et al. Synthesis and crystal structure of [nBu_4N] [Er(pic)$_4$] • 5.5H$_2$O: A new infrared emitter[J]. Inorganic Chemistry Communications, 2003, 6(9): 1234-1238.

[149] Szpunar J. Metallomics: A new frontier in analytical chemistry[J]. Analytical and Bioanalytical Chemistry, 2004, 378(1): 54-56.

[150] 林祥梅, 王建峰, 梅琳, 等. 用人角质细胞评价 4 种化妆品的细胞毒性[J]. 毒理学杂志, 2008, 22(1): 75-76.

[151] Ettlin R A. Toxicologic pathology in the 21st century [J]. J Toxicologic Pathology, 2012, 41(5): 689.

[152] 程艳, 祁彦, 王超, 等. 防衰老抗皱化妆品的功效评价与展望[J]. 日用化学工业, 2006, 36(3): 178-181.

[153] Han J H, Seok S H, Na Y R, et al. Validation of porcine corneal opacity and permeability assay as an alternative to eye irritation tests[J]. Toxicology Letters, 2010, 196(Suppl): S141-S141.

[154] 陆泽安, 郑赛华, 吴越, 等. 鸡胚绒毛尿囊膜试验用于化妆品的体外眼刺激性评价[J]. 日用化学品科学, 2013(9): 20-26.

[155] 刘肃, 何华红, 戚莉莉. 红细胞溶血试验检测化妆品眼刺激性的初步研究[J]. 中国医药科学, 2015 (16): 188-190.

[156] 杨颖, 童珑, 薛金玉, 等. 化妆品原料眼刺激体外替代试验检测策略的建立与评价[C]. 中国毒理学会第六届全国毒理学大会论文摘要. 2013.

[157] 李庆, 杨颖, 杨杏芬, 等. 化妆品原料眼刺激性替代方法分层筛选模型的建立[J]. 环境与健康杂志, 2015, 32(2): 116-121.

[158] 刘珍, 刘俊平, 王飞, 等. 化妆品安全性评价中小鼠局部淋巴结试验方法的改进[J]. 卫生研究, 2009, 38(5): 585-589.

[159] Esteki M, Nouroozi S, Amanifar S, et al. A simple and highly sensitive method for quantitative detection of methyl paraben and phenol in cosmetics using derivative spectrophotometry and multivariate chemometric techniques[J]. Journal of the Chinese Chemical Society, 2017, 64(2): 152-163.

[160] 徐薇, 蒋中仁, 李天舒, 等. 体外 MTT 法评价化妆品光毒性试验的建立与应用[J]. 现代医学, 2013, 40(16): 3078-3080.

[161] 李庆, 杨杏芬, 杨颖, 等. 三种化妆品原料遗传毒性的体外微核检测法[J]. 环境与健康杂志, 2012, 29(9): 792-794.

[162] Pfuhler S, Fautz R, Ouedraogo G, et al. The cosmetics europe strategy for animal-free genotoxicity testing: Project status up-date[J]. Toxicology in Vitro, 2014, 28(1): 18-23.

[163] Letasiova S, Armento A, Deluca J, et al. Determination of genotoxicity using comet assay and EpiAirway, EpiDerm and EpiDerm-FT[J]. Toxicology Letters, 2012, 211(3): S73.

[164] Loperabarrero, Mauricio N, Rodríguezrodríguez, et al. A tiered approach to the use of

alternatives to animal testing for the safety assessment of cosmetics: Genotoxicity[J]. Regulatory Toxicology and Pharmacology, 2010, 57(2/3): 315-324.

[165] Uchino A T, T T B, et al. Reconstruction of three-dimensional human skin model composed of dendritic cells, keratinocytes and fibroblasts utilizing a handy scaffold of collagen vitrigel membrane [J]. Toxicology in Vitro, 2009, 23(2): 333-337.

[166] Katsuyuki Y, Naohiro I, Naohiro N, et al. The reconstructed skin micronucleus assay in EpiDerm?: Reduction of false-positive results-a mechanistic study with epigallocatechin gallate[J]. Mutation Reseach-Genetic Toxicology and Environmental Mutagenesis, 2013, 757(2): 148-157.

[167] Dahl E L, Curren R, Barnett B C, et al. The reconstructed skin micronucleus assay (RSMN) in EpiDerm™: Detailed protocol and harmonized scoring atlas[J]. Mutation Reseach-undamental and Molecular Mechanisms of Mutagenesis, 2011, 720(1): 42-52.

[168] Aardema M J, Barnett B C, Khambatta Z, et al. International prevalidation studies of the EpiDerm 3D human reconstructed skin micronucleus (RSMN) assay: Transferability and reproducibility[J]. Mutation Research-Fundamental and Molecular Mechanisms of Mutagenesis, 2010, 701(2): 123-131.

[169] Aardema M J, Barnett B B, Mun G C, et al. Evaluation of chemicals requiring metabolic activation in the EpiDerm™ 3D human reconstructed skin micronucleus (RSMN) assay [J]. Mutation Research-Fundamental and Molecular Mechanisms of Mutagenesis, 2013, 750(1/2): 40-49.

[170] Hu T, Bailey R E, Morrall S W, et al. Dermal penetration and metabolism of *p*-aminophenol and *p*-phenylenediamine: Application of the EpiDerm™ human reconstructed epidermis model [J]. Toxicology Letters, 2009, 188(2): 119-129.

[171] Hu T, Khambatta Z S, Hayden P J, et al. Xenobiotic metabolism gene expression in the EpiDerm™ in vitro 3D human epidermis model compared to human skin[J]. Toxicology in Vitro, 2010, 24(5): 1450-1463.

[172] Andres E, Molinari J, Remoué N, et al. Successful micronucleus testing with the EPI/001 3D reconstructed epidermis model: Preliminary findings[J]. Mutation Research-Genetic Toxicology and Environmental Mutagenesis, 2012, 743(1/2): 36-41.

[173] Hayden P, Kandarova H, Jackson G, et al. An in vitro human airway model (EpiAirway) for toxicity and drug delivery screening of inhaled formulations [J]. Toxicology Letter, 2010, 196(Suppl): S153-S153.

[174] 彭蕾蕾, 王英夫, 游俊, 等. 银胶菊内酯对人皮肤癌细胞 HaCaT 和 A375 凋亡机制的研究[J]. 中国医院药学杂志, 2017, 37(2): 139-141, 145.

[175] 岳立芝. 发酵技术在化妆品植物资源开发中的应用[J]. 科技创新与应用, 2019(33): 171-172.

[176] 郑飞, 张琰, 韩铭鑫, 等. RRLC-Q-TOF MS 法分析鲜人参与仙人掌果配伍发酵前后人参皂苷成分的变化[J]. 质谱学报, 2018, 39(5): 532-539.

[177] 马玉涵, 赵岩, 孙玉军, 等. 红外光谱在食药用菌化妆品发酵原料检测中的应用初探[J]. 科技资讯, 2020, 18(18): 57-61.

[178] 左希敏, 刘涛. 乳酸发酵技术的最新研究进展[J]. 中国调味品, 2019, 44(1): 195-197.

[179] 吕春茂, 林丽, 孟宪军, 等. 有机物质对烟草发状根生长及辅酶 Q_{10} 合成的影响[J].

烟草科技, 2010(1): 47-50.

[180] 罗丽媛. 葡萄细胞系白藜芦醇的合成动态及其代谢调控研究[D]. 兰州: 甘肃农业大学, 2010.

[181] 徐世千, 张建国, 李晓东. 植物离体培养技术生产次生代谢物的研究进展[J]. 河南农业科学, 2011, 40(6): 17-20.

[182] 张晓玉, 杨丽芳, 胡忠惠, 等. 生物技术在果树研究中的应用[J]. 北方园艺, 2008(4): 82-84.

[183] 高清华, 叶正文, 张学英, 等. 草莓生物技术育种研究进展[J]. 分子植物育种, 2006(S1): 123-129.

[184] 王俊丽, 彭士琪, 葛会波. 生物技术在果树学研究中的应用[J]. 河北大学学报(自然科学版), 2002(2): 195-201.

[185] 徐勇, 李楠. 纳米技术在生物医学上的应用[J]. 材料导报, 2007(S1): 11-13.

[186] 张汝冰, 刘宏英, 李凤生. 纳米技术在生物及医药学领域的应用[J]. 现代化工, 1999(7): 51-53.

[187] 沈宏芳. 纳米金属合金粉体制备及其粉末冶金特性研究[D]. 西安: 西安理工大学, 2005.

[188] 袁巨龙, 刘盛辉, 邢彤. 纳米技术的应用及发展动向[J]. 浙江工业大学学报, 2000(3): 62-68.

[189] 李国庆, 卢广文, 林意群. 纳米技术及其在生物工程和医药学上的应用[J]. 医疗装备, 2002(3): 8-11.

[190] 刘昌华. Sol-Gel 水热偶合法制备纳米 AlOOH 及性能的研究[D]. 南宁: 广西大学, 2001.

[191] 郭洪英. 纳米硒的制备和表征[D]. 保定: 河北大学, 2007.

[192] 董晓, 姜子涛, 李荣. 微胶囊技术在生物领域中的应用及研究进展[J]. 农产品加工(学刊), 2011(10): 108-110.

[193] 韩国功能品牌IOPE艾诺碧新一代3D定制面膜亮相第二届进博会[J]. 日用化学品科学, 2020, 43: 60-65.

[194] 赵春晖, 王文慧. "现代化妆品生物技术"研究型课程教学初探[J]. 大连大学学报, 2016, 37(6): 131-134.

[195] 吕洛, 魏少敏. 生物技术及其制剂在化妆品中的应用[J]. 日用化学品科学, 2005(6): 27-30.

[196] 高合意, 陈正珍, 梁宗言. 生物防腐技术在化妆品中的应用[J]. 化工管理, 2015(3): 72-74.

[197] 李明育. 我国化妆品微生物检验现状及发展[J]. 中国医药指南, 2012, 10(1): 51-53.

[198] 卢力, 杨兰花, 方丰平. 尼泊金丙酯在不同化妆品基质中抑菌效力的研究[J]. 香料香精化妆品, 2011(3): 25-28.

[199] 廖玉婷. 桑叶的抑菌作用及其活性物质的提取分离研究[D]. 无锡: 江南大学, 2007.

[200] 庞小琳, 周波, 王艳, 等. 环庚三烯酚酮对食品腐败菌的抑菌研究[J]. 食品研究与开发, 2012, 33(6): 202-204.

[201] 罗怀宇. 牙膏防腐剂的作用机理及影响因素[J]. 口腔护理用品工业, 2014, 24(2): 47-48.

[202] 李世忠, 刘慧珍. 香波配方技术与头发护理[J]. 日用化学品科学, 2008(10): 26-29.

[203] 崔凤玲. 防脱发香波的研究及应用[D]. 无锡: 江南大学, 2008.

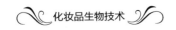

[204] 杨娟, 刘永龙, 林芮, 等. 几种常用防腐剂对日化产品中腐败微生物抑制效果研究[J]. 工业微生物, 2016, 46(4): 34-37.

[205] 谭建华. 典型个人护理用品的来源、环境和人体暴露研究[D]. 广州: 华南农业大学, 2018.

[206] 吕玉涛. 几种天然生物防腐剂及其在化妆品中的应用现状[J]. 现代盐化工, 2019, 46(4): 74-75.

[207] 赵洪涛. 经皮给药传输系统在化妆品中的应用[J]. 日用化学品科学, 2007(12): 29-33.

[208] 邓树海. 现代药物制剂技术[M]. 北京: 化学工业出版社, 2007.

[209] 王玉. 高速逆流色谱分离油橄榄叶中的多酚类化合物研究[D]. 兰州: 甘肃中医药大学, 2018.

[210] 陈婷婷. 维生素 C 脂质体的研究[D]. 无锡: 江南大学, 2008.

[211] 张丽敏. 柴胡挥发油巴布剂的研制及药效学研究[D]. 武汉: 华中科技大学, 2008.

[212] 孙铮, 温龙平. TD1 修饰绿色荧光蛋白透皮功能的研究[J]. 中国科学技术大学学报, 2009, 39(4): 344-350.

[213] 朱强. 淀粉微球的制备及其在化妆品中的应用[D]. 大连: 大连工业大学, 2008.

[214] 宋亚, 祁小乐, 沙康, 等. 温度敏感型原位凝胶药物递送系统的研究进展[J]. 国际药学研究, 2019, 46(4): 245-255.

[215] 喻明英, 王靖, 杨成, 等. Pickering 乳液在化妆品中的应用研究进展[J]. 日用化学工业, 2019, 49(6): 398-402.

[216] 梁忠胜, 周永香. 浅谈基层开展流行病学调查[J]. 畜牧兽医科技信息, 2011(12): 21-22.

[217] 吕莹. 女性皮肤屏障功能相关参数与部位、皮肤类型的相关性研究[D]. 成都: 四川大学, 2007.

[218] 高洁, 朱文元, 骆丹. 无创性评估皮肤颜色的技术和方法[J]. 临床皮肤科, 2008, 37(12): 819-821.

[219] 董依云, 周国瑜. 皮肤数码显微镜在美容激光治疗疗效评价中的应用研究[C]//上海市激光学会 2013 年学术年会论文集. 2013: 53.

[220] 何黎, 陈明清, 刘流. 皮肤保健与美容知识问答[M]. 昆明: 云南科技出版社, 2008.

[221] 唐林林. $PctO_2$ 与 $PctCO_2$ 在儿科中的应用价值评估[D]. 重庆: 重庆医科大学, 2015.

[222] 李思莹. 舒郁补肾清解汤联合火针治疗女性迟发性痤疮疗效观察[D]. 济南: 山东中医药大学, 2019.

[223] 朱纹懿, 刘金菊, 李艳, 等. 微生物与痤疮发病的研究进展[J]. 皮肤病与性病, 2017, 39(5): 332-335.

[224] 李和伟, 刘星, 王文婷, 等. 从皮肤微生态角度分析化妆品中的防腐、抑菌成分对皮肤健康的影响[J]. 日用化学品科学, 2015, 38(6): 10-12, 52.

[225] 王若珺, 李若瑜. 皮肤真菌微生态研究进展[J]. 中国真菌学, 2018, 13(3): 188-192.

[226] 王茜, 陈园园, 宋丽雅, 何聪芬. 皮肤微生态与化妆品研发[J]. 日用化学工业, 2017, 47(3): 168-173.

[227] 韩海星. 皮肤微生态与化妆品研发[J]. 中国化工贸易, 2017, 9(12): 207.

[228] 尹月煊, 赵华. 化妆品功效评价(Ⅰ): 化妆品功效宣称的科学支持[J]. 日用化学工业, 2018, 48(1): 8-13.

[229] 梁慧玲, 谭蓉, 杨秀芳. 茶提取物中儿茶素类和茶黄素类组成对酪氨酸酶抑制率的

影响[C]//第十五届中国科协年会第 20 分会场: 科技创新与茶产业发展论坛论文集. 2013: 169-172.

[230] 沈喆鸢. 珍珠粉美白组分的提取工艺优化和功效研究[D]. 杭州: 浙江工业大学, 2017.

[231] 董强. 柳蒿芽醇提物抗氧化作用研究[D]. 哈尔滨: 东北林业大学, 2010.

[232] 程德竹, 杜爱玲, 李成帅, 等. 生姜提取物对邻苯三酚自氧化生成超氧自由基的清除[J]. 中国调味品, 2014, 39(11): 35-39.

[233] 赵华, 王楠. 化妆品功效评价(III): 美白功效宣称的科学支持[J]. 日用化学工业, 2018, 48(3): 129-133, 139.

[234] 张敏, 张玮, 高静, 等. 皮肤美白化合物的筛选评价新进展[J]. 药学服务与研究, 2012, 12(1): 63-66.

[235] 薛婉婷, 李丽, 董银卯, 等. 美白功效评价现状及发展趋势[J]. 日用化学工业, 2021, 51(9): 890-896.

[236] 陶丽莉, 刘洋, 吴金昊, 等. 化妆品美白功效评价方法研究进展[J]. 日用化学品科学, 2015, 38(3): 15-21.

[237] 沈喆鸢. 珍珠粉美白组分的提取工艺优化和功效研究[D]. 杭州: 浙江工业大学, 2017.

[238] 刘少英, 孟祥璟, 张祥奎, 等. 皮肤光老化机制及抗光老化药物[J]. 生理科学进展, 2018, 49(4): 265-269.

[239] 李诚桐, 赵华. 化妆品功效评价(IV): 延缓皮肤衰老功效宣称的科学支持[J]. 日用化学工业, 2018, 48(4): 188-195.

[240] 李楠, 许文凤, 叶振南, 等. 9 种植物粗提总黄酮的体外降脂及抑制非酶糖基化的活性[J]. 江苏农业科学, 2014, 42(6): 291-293.

[241] 邓影妹, 赵华, 张珊, 等. 化妆品抗皱功效评价研究进展[C]//第十届中国化妆品学术研讨会论文集. 2014: 202-206.

[242] 宣敏, 程飚. 皮肤衰老的分子机制[J]. 中国老年学, 2015, 35(15): 4375-4380.

[243] 冯学轩. 广藿香醇抗小鼠皮肤光老化作用研究及机理探讨[D]. 广州: 广州中医药大学, 2015.

[244] 王欢, 盘瑶. 化妆品功效评价(V): 舒缓功效宣称的科学支持[J]. 日用化学工业, 2018, 48(5): 247-254.

[245] 王春晓, 赵华. 化妆品功效评价(II): 保湿功效宣称的科学支持[J]. 日用化学工业, 2018, 48(2): 67-72.

[246] 李诚桐, 赵华, 王敏. 化妆品功效评价(IX): 图像分析法在化妆品功效评价中的应用[J]. 日用化学工业, 2018, 48(10): 551-557.

[247] 吴亚梅. 痤疮古今外用方用药规律探析及复方白蔹面膜治疗痤疮的实验研究[D]. 成都: 成都中医药大学, 2015.

[248] 夏甜. 痤疮面膜联合内服中药治疗寻常痤疮疗效评估[D]. 济南: 山东中医药大学, 2018.

[249] 薛珍, 何海鸥, 周立武. 感官评价和仪器测试在化妆品评估中的应用[J]. 香料香精化妆品, 2017(2): 64-67, 72.

[250] 樊琳娜, 贾焱, 蒋丽刚, 等. 敏感皮肤成因解析及化妆品抗敏活性评价进展[J]. 日用化学工业, 2015, 45(7): 409-414.

[251] 吕沛宛. 敏感肌如何不敏感[J]. 中医健康养生, 2018, 4(7): 2.

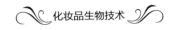

[252] 陈子珺, 李庆生, 淤泽溥. 抗过敏实验方法及过敏反应动物模型研究进展[J]. 云南中医学院学报, 2000(3): 11-18, 22.

[253] 王领. 抗敏止痒植物组合提取物制备工艺、功效及作用途径研究[D]. 哈尔滨: 东北农业大学, 2015.

[254] 杨光宇, 杨颖, 杨杏芬, 等. 鸡胚尿囊膜绒毛膜试验替代兔眼刺激试验的研究[J]. 毒理学, 2006(6): 402-405.

[255] 蔡文涛. MTT法和CCK-8法检测中药抗病毒活性成分细胞毒性的比较[J]. 湖北大学学报(自然科学版), 2017, 39(3): 305-310.

[256] 张娟, 田新阶, 龚奂. RTCA技术对抗菌剂APP的体外细胞毒性评价[C]//2014年（首届）抗菌科学与技术论坛（ASTF2014）论文摘要集. 2014: 127-130.

[257] 刘密凤, 郭家彬, 彭双清, 等. 体外方法在化学物质急性毒性评价中的应用[J]. 毒理学, 2007(3): 235-238.

[258] 胡颖. 伊维菌素聚乳酸纳米粒的初步研究[D]. 咸阳: 西北农林科技大学, 2008.

[259] 王北明, 陈郁璇, 钟敏贤. 化妆品刺激性评价方法的研究进展[J]. 香料香精化妆品, 2017(5): 69-74.

[260] 邱璐, 李小林, 刘俊平, 等. 化妆品SIRC细胞短时暴露法试验[J]. 毒理学杂志, 2008, 22(6): 473-476.

[261] 潘芳, 程树军, 焦红. 化妆品皮肤致敏试验及其替代方法[C]//第九届中国实验动物科学年会（2010新疆）论文集. 2010: 515-519.

[262] 章瑶, 马珅俊, 熊静, 等. 基于超高效液相色谱的改良直接肽反应试验预测化学物皮肤致敏性[J]. 日用化学品科学, 2017, 40(11): 1-4.

[263] 梅承翰, 谭红, 杨鸿波, 等. 皮肤致敏试验替代方法研究进展[J]. 日用化学工业, 2019, 49(6): 393-397+402.

[264] 韩天娇, 周长慧, 常艳. 3D模型用于体外遗传毒性试验的研究进展[J]. 中国新药, 2014, 23(23): 2725-2728.